Fouad Soliman
Karima Mahmoud

Tecnologias laser e aplicações futuras

Fouad Soliman
Karima Mahmoud

Tecnologias laser e aplicações futuras

ScienciaScripts

Imprint

Any brand names and product names mentioned in this book are subject to trademark, brand or patent protection and are trademarks or registered trademarks of their respective holders. The use of brand names, product names, common names, trade names, product descriptions etc. even without a particular marking in this work is in no way to be construed to mean that such names may be regarded as unrestricted in respect of trademark and brand protection legislation and could thus be used by anyone.

Cover image: www.ingimage.com

This book is a translation from the original published under ISBN 978-620-8-22485-1.

Publisher:
Sciencia Scripts
is a trademark of
Dodo Books Indian Ocean Ltd. and OmniScriptum S.R.L publishing group

120 High Road, East Finchley, London, N2 9ED, United Kingdom
Str. Armeneasca 28/1, office 1, Chisinau MD-2012, Republic of Moldova, Europe
Printed at: see last page
ISBN: 978-620-8-32102-4

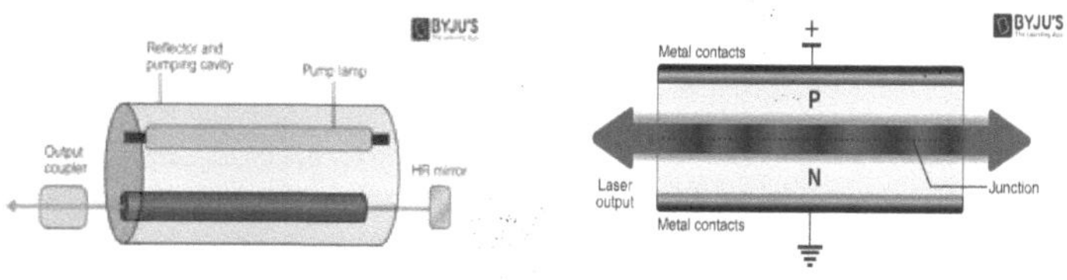

Tecnologias laser e aplicações futuras

Por

Fouad A. S. Soliman Karima A. Mahmoud
Autoridade para os Materiais Nucleares, Investigador de Física.
Cairo, Egito.

novembro de 2024

1

Sobre os autores

Dr. Eng. Fouad A. S. Soliman

**Prof. de Engenharia Eletrónica e de Computadores,
Nuclear Materials Authority, Cairo, Egito.**

Membro do Conselho Editorial de:

- **Progress in Photovoltaic, "Research and Applications", John Wiley and Sons, Reino Unido, desde 1993,**
- **Periódicos da Associação para o Avanço das Técnicas de Modelação e Simulação, AMSE, Lune, França,**
- **Revista Internacional de Ciência da Computação e Aplicações de Engenharia (IJCSEA).**

Membro de:

- **Associação Americana para o Avanço das Ciências, N.Y., E.U.A,**
- **Academia de Ciências de Nova Iorque, Nova Iorque, E.U.A.**

Escolhido para:

- **Who's Who in the World, A.N. Marquis, N.J., U. S. A.**
- **Outstanding People of the 20thCentury, International Biographical Center de Cambridge, Inglaterra.**

Ensino nas universidades

- **Ensino dos estudantes de pós-graduação nas universidades egípcias.**

Publicações e supervisão de M.Sc. e Ph.D.
Artigos e teses supervisionadas
- **Cerca de 200**

Livros:

[1]. Fouad A. S. Soliman, **"A Novel Look on the world of Nanotechnology para hoje e para o futuro"**, Livro publicado, Lambert Academic Publishing, Omni- Scriptum GmbH and Co. KG, fevereiro de 2016, ISBN 978-3-659-83496-7.

[2]. F. A. S. Soliman, **"Energy and the Future of Civilizations"**, publicado em Livro, Lambert Academic Publishing, Omni-Scriptum GmbH and Co. KG, abril de 2016. ISBN 978-3-659-88129-9.

[3]. F. A. S. Soliman, "Characterization, Simulation, Applications, Deployment and Economics of Solar Energy", Lambert Academic Publishing, LAP, Saarbrücken, Alemanha, maio de 2016.
ISBN 978-3-659-89387-2.

[4]. Fouad A. S. Soliman e Hoda A. Ashry," Role of the Nuclear A tecnologia na vida quotidiana do homem", Livro publicado, Lambert
Publicação académica, Omni-Scriptum, GmbH and Co. KG, maio de 2016.
ISBN 978-3-659-90461-5.

[5]. Fouad A. S. Soliman, Safaa M. R. El-ghanam e Ashraf M. Abdel-Maksoud, "Impact of Outer Space Environment on Electronic Devices and Systems", Livro publicado, Lambert Academic Publishing,
Omni-Scriptum GmbH e Co. KG, julho de 2016.
ISBN: 978-3-659-93044-7

[6]. H. A. Ashry, Fouad A. S. Soliman e S. A. Kamh, "Nuclear Techno-
logia: Geração Futura, Proteção e Monitorização", Publicado Livro, Lambert Academic Publishing, Omni-Scriptum GmbH e Co. KG, agosto de 2016.
ISBN: 978-3-659-93921-1

[7]. Fouad. A.S. Soliman, "Agriculture in Remote Areas Based on Solar
Energia", Livro Publicado, Lambert Academic Publishing, Omni-Scriptum GmbH & Co. KG, setembro de 2016.
ISBN: 978-3-659-95267-8

[8]. Fouad A. S. Soliman, "Solar-Wind Hybrid Renewable Energy for Agricultura Sustentável", Livro Publicado, Lambert Academic Publishing, Omni- Scriptum GmbH and Co. KG, outubro de 2016, Número: 145917
ISBN: 978-3-659-96384-1

[9]. Fouad A. S. Soliman, "High Voltage Transmission Lines: Importance,
Maintenance and Risks", Livro Publicado, Lambert Academic Publi-
shing, Omni- Scriptum GmbH e Co. KG, novembro de 2016, Número: 147937,
ISBN: 978-3-330-00309-5.

[10]. Hoda A. Ashry e Fouad A. S. Soliman, Nuclear Analytical Techni-ques e Ciências Modernas, Livro Publicado, Lambert Academic Publishing, Omni- Scriptum, GmbH and Co. KG, dezembro, 2016, No:
149558,
ISBN: 978-3-330-01772-6.

[11].   Fouad A. S. Soliman, **Energia: História, Definições, Formas, Transformações.**
   formação e aplicações, Livro Publicado, Lambert Academic
   Publishing, Omni- Scriptum, GmbH and Co. KG, janeiro de 2017.
   ISBN: 978-3-330-02939-2.
[12].   Fouad A. S. Soliman, **All About Nuclear Materials, Livro Publicado,**
   Lambert Academic Publishing, Omni- Scriptum GmbH e Co. KG,
   2017. ID do projeto (150859)
   ISBN:978-3-330-03643-7.
[13].   Fouad A. S. Soliman e Hoda A. Ashry, **Focus on the Treasures of A Terra,** Livro Publicado, Lambert Academic Publishing, Omni-
   Scriptum GmbH and Co. KG, fevereiro de 2017.
   ISBN: 978-3-659-85407-1.
[14].   Fouad A. S. Soliman, **Geothermal Energy Technology,** Publicado em
   Livro, Lambert Academic Publishing, Omni-Scriptum GmbH and Co,
   KG., maio de 2017.
   ISBN: 978-3-330-31808-3.
[15].   Fouad A. S. Soliman, **Marine Power Technology and Future of Energia,** Livro publicado, Lambert Academic Publishing, Omni-
Scriptum
   GmbH e Co. KG, junho de 2017.
   ISBN: 978-3-330-32467-1.
[16].   Fouad A. S. Soliman e Hoda A. Ashry, **Atomic Batteries: the Easy Energia para o futuro", Livro publicado,** Lambert Academic
   Publishing, Omni-Scriptum. GmbH and Co. KG, julho de 2017.
   ISBN:978-3-330-35308-4.
[17].   Fouad A. S. Soliman e Hoda A. Ashry, **Evolution of Synchrotron A radiação e a sua importância",** Livro publicado, Lambert
Academic
   Publishing, Omni-Scriptum GmbH and Co. KG, agosto de 2017.
   ISBN: 978-620-2-01385-7
[18].   Fouad A. S. Soliman, **"Mechatronics: Multidisciplinary Engenharia",** Livro Publicado, Lambert Academic Publishing,
Omni-
   Scriptum, GmbH e Co. KG, agosto de 2017.
   ISBN: 978-620-0-43740-2.
[19].   Fouad A. S. Solimna e Hoda A. Ashry, **"Gold and Silver Recovery from Electronic Waste", Recuperação de ouro e prata de resíduos**
electrónicos
   Resíduos", Livro publicado Lambert Academic Publishing, Omni-
Scriptum
   GmbH and Co. KG, Set. 2017.
   ISBN: 978-620-2-04988-7.

[20]. Fouad A. S. Soliman, **Amira A El-laboudi, e Manal Mahdi,**
"Colheita de energia e necessidades humanas futuras", Livro publicado,
Lambert Academic Publishing, Omni-Scriptum GmbH e Co. KG, novembro de 2017.
ISBN: 978-620-2-07981-5.

[21]. **Hoda A. Ashry** e Fouad A. S. Soliman, **"World of Neurons",**
Livro publicado, Lambert Academic Publishing, Omni- Scriptum GmbH
and Co. KG, janeiro de 2018.
ISBN: 978-613-4-97714-2.

[22]. Fouad A. S. Soliman, **"Role of Engineering in Therapy",** publicado em
Livro Lambert Academic Publishing, Omni- Scriptum GmbH and Co. KG, abril de 2018.
ISBN: 978-613-9-58735-3.

[23]. Fouad A. S. Soliman, **"New Trends in Exploring Earth Treasures"**
[Novas Tendências na Exploração dos Tesouros da Terra],
Livro publicado, Lambert Academic Publishing, Omni- Scriptum GmbH
Co. KG, Nov. 2019.
ISBN: 978-620-0-46469-9.

[24].   Fouad A. S. Soliman, **"Energy: Resources, Derivative,**
Sustainability
and Development", Livro publicado Lambert Academic Publishing, Omni-Scriptum GmbH e Co. KG, dezembro de 2019.

[25]. Fouad A. S. Soliman e **Hamed I. E. Mira, "Nuclear Power:**
História, materiais, economia e futuro", Livro publicado Lambert
Publicação académica, Omni-Scriptum GmbH & Co. KG, janeiro de 2020.
ISBN: 978-620-0-46407-1.

[26].   Fouad A. S. Soliman, **"Renewable Energy and the Future of**
Human
Vida", Livro publicado. Lambert Academic Publishing. Omni-Scriptum
GmbH e Co.KG, fevereiro de 2020.
ISBN: 978-620-0-53632-7.

[27]. Fouad A. S. Soliman, **Safaa M. R. El-ghanam, e Ashraf M. Abdel-**
maksoud, "Impacto ambiental da indústria energética",
Livro publicado Lambert Academic Publishing, Omni-Scriptum GmbH
and Co. KG, fevereiro de 2020.
ISBN: 978-620-0-57165-6.

[28]. Fouad A. S. Soliman e **Amira Abdel-Magid, "Projections, Develo-**
pamentos e explorações de recursos energéticos renováveis"

Livro publicado, Lambert Academic Publishing, Omni-Scriptum GmbH
and Co. KG, março de 2020.
ISBN: 978-620-065158-7.

[29]. Fouad A. A. Soliman, e **Wafaa Abd El-Basit, "Smart Photovoltaic As tecnologias e o futuro da energia"**, livro publicado, Lambert Publicação académica, **Omni-Scriptum** GmbH e Co. KG, março de 2020.
ISBN: 978-620-251267-1.

[30]. Fouad A. S. Soliman, e **Sanaa A. Kamh", Open Source Hardware Tecnologia,** Livro Publicado, Lambert Academic Publishing, Omni-Scriptum GmbH and Co. KG, abril de 2020.
ISBN: 978-620-2-51639-6.

[31]. Fouad A. S. Soliman, **"Renewable Energy Technologies for Salt Water Dessalinização",** Livro Publicado, Lambert Academic Publishing, Omni-Scriptum GmbH and Co. KG, maio de 2020.
ISBN: 978-620-2-52159-8.

[32]. Fouad A. S. Soliman, **" New Trends in Renewable Energy for Humanity Benefits",** Livro publicado, Lambert Academic Publishing, Omni-Scriptum GmbH e Co. KG, maio de 2020.
ISBN: 978-620-2-51887-1.

[33]. Fouad A. S. Soliman, e **Ashraf M. Abdel-maksoud, "Energy Armazenamento, Transmissão e Monitorização",** Livro Publicado, Lambert Publicação académica, Omni-Scriptum GmbH e Co. KG, maio de 2020.
ISBN: 978-6213-94971-2

[34]. Fouad S. S. Soliman, **"Climate Effects on PV-Systems and their Manutenção e Reciclagem",** Livro Publicado, Lambert Academic Publicação, Omni-Scriptum GmbH e Co. KG, junho de 2020.
ISBN: 978-620-2-56451-9.

[35]. Fouad A. S. Soliman e **Hamed I. E. Mira, "Drones: The Future of Veículos Aéreos Não Tripulados",** Livro publicado Lambert Academic Publishing, Omni-Scriptum GmbH e Co. KG, junho de 2020.
ISBN: 978-620-2-66811-8.

[36]. Fouad A. S. Soliman, **"Airborne Geophysical & Remote Sensing Based on DroneAircrafts",** Livro publicado, Lambert Academic Publicação, Omni-Scriptum GmbH e Co. KG, julho de 2020.
ISBN: 978-620-2-67331-0.

[37]. Fouad A. S. Soliman e **Hamed I. E. Mira, "**UXO Environmental

Impacto, deteção e desminagem", Livro publicado Lambert Academic
Publicação, Omni-Scriptum GmbH e Co. KG, julho de 2020.
ISBN: 978-620-2-67862-9.

[38]. Fouad A. S. Soliman, e **Safaa M. El-ghanam "The World of Tecnologias de energias renováveis"**, Livro publicado, Lambert Academic
Publicação, Omni-Scriptum GmbH e Co. KG, agosto de 2020.
ISBN: 978-620-2-68432-3.

[39]. Fouad A. S. Soliman, e **Ashraf M. Abedel-maksoud", Tecnologias of Stand-Alone and Distributed Energy Systems"**, Livro publicado, Lambert Academic Publishing, Omni-Scriptum GmbH e Co. KG, setembro de 2020.
ISBN: 978-620-0-50455-6.

[40]. Fouad A. S. Soliman, **"A Novel and Efficient Aerial Techniques for Deteção de UXO"**, Livro publicado, Lambert Academic Publishing, Omni-
Scriptum GmbH and Co. KG, setembro de 2020.
ISBN: 978-620-2-79934-8

[41]. Fouad A. S. Soliman, e **Ashraf M. Abedel-maksoud, "Technology and Future of Nano-fluids"**, Livro publicado, Lambert Academic Publicação, Omni-Scriptum GmbH e Co. KG, setembro de 2020.
ISBN: 978-620-2-80132-4.

[42]. Fouad A. S. Soliman, e **Safaa M. El-ghanam,** "New Trends in the Produção, conversão, transmissão e armazenamento de energia", **Livro publicado, Lambert Academic Publishing, Omni-Scriptum GmbH e Co. KG, outubro de 2020.**
ISBN: 978-620-2-80878-1.

[43]. Fouad A. S. Soliman, **"Remote Monitoring, Net Metering, Fault Deteção e Manutenção Preditiva de Sistemas Eléctricos de Potência.**
Livro publicado, Lambert Academic Publishing, Omni-Scriptum GmbH
and Co. KG, outubro de 2020.
ISBN: 978-3-330-06474-4.

[44]. Fouad A. S. Soliman, **A. A. Abu Talib e Doaa H. Hanafy, "PV Shockley-Queasier, Maximum Power, Green Houses e Rooftop Estações"**, Livro Publicado, Lambert Academic Publishing, Omni-Scriptum GmbH e Co. KG, outubro de 2020.
ISBN: 978-620-2.92085-8.

[45]. Fouad A. S. Soliman, **Wafaa A. Zekri, Soha Abel-Azim, Environ-Impacto mental da produção, transporte e distribuição de eletricidade**

Indústria", Livro Publicado, Lambert Academic Publishing, Omni-Scriptum GmbH e Co. KG, novembro de 2020.
ISBN: 978-620-3-02581-1.

[46]. Fouad A. S. Soliman, e **Safaa R. El-ghanam, "Future Energy DevelopMent"**, Livro Publicado, Lambert Academic Publishing, Omni-Scriptum GmbH e Co. KG, novembro de 2020.
ISBN: 978-620-3-041132.

[47]. Fouad A. S. Soliman e **Hamed I. E. Mira, "For More Efficient Aplicações da energia solar"**, Livro publicado Lambert Academic Publicação, Omni-Scriptum GmbH e Co. KG, dezembro de 2020.
ISBN: 978-620-801002.

[48]. Fouad A. S. Soliman, e **Sanaa A. Kamh, "New Trends in Micro- and Hybrid-Energy Grids"**, Livro publicado, Lambert Academic **Publishing,** Omni-Scriptum. GmbH and Co. KG, dezembro de 2020.
ISBN: 978-620-2-92022-3.

[49]. Fouad A. S. Soliman, **"Trends in Renewable Energy Resources Grid ding"**, Livro publicado Lambert Academic Publishing, Omni-Scriptum GmbH e Co. KG, janeiro de 2021.
ISBN: 978-620-3-30339-1.

[50]. Fouad A. S. Soliman, e **Wafaa Abdel Basit Zekri, "Gridding of Sistemas inteligentes de energia solar"**, Livro publicado, Lambert Academic Publishing, Omni-Scriptum, GmbH and Co., K.G. março de 2021.
ISBN: 978-620-3-46312-5.

[51]. Fouad A. S. Soliman e **Safaa R. El-ghanam, "New Trends in hoto-Voltaic System"**, Livro publicado, Lambert Academic Publishing, Omni-Scriptum GmbH and Co., K.G., dezembro de 2020.
ISBN: 978-620-3-47075-8.

[52]. Fouad A. S. Soliman, **"Automatic Monitoring of PV-Systems'**, Livro publicado Lambert Academic Publishing, Omni-Scriptum GmbH e Co. KG, setembro de 2021.
ISBN: 978-620-3-58196-6.

[53]. Fouad A. S. Soliman, e **Ashraf M. Abedel-maksoud, "Marine Power: O Futuro das Energias Renováveis,** Livro Publicado, Lambert Publicação académica, Omni-Scriptum GmbH and Co. KG, novembro, 2021.
ISBN: 978-620-4-71792-0163.

[54]. Fouad A. S. Soliman, "Carbon Capture and Sequestration", publicado em
Livro Lambert Academic Publishing, Omni-Scriptum GmbH and Co. KG,
novembro de 2021.
ISBN: 978-620-4-72561-1163.

[55]. Fouad A. S. Soliman, e Hoda A. Ashry, "Role of Electronics and Informática em medicina energética", Livro publicado Lambert
Publicação académica, Omni-Scriptum GmbH and Co. KG, Nov. 2021.
ISBN: 978-620-4-727387.

[56]. Fouad A. S. Soliman, e Nehal Abou-el fotoh Ali, "Future Challenges
de Eletrónica baseada em Piezoeléctricos" Livro publicado Lambert Academic
Publicação Omni-Scriptum GmbH and Co. KG, dezembro de 2021.
ISBN: 978-620-4-70844.

[57]. Fouad A. S. Soliman, Ayman H. Shanash e Nehal Abou-el fotoh Ali, "Sustainale Energy for Human Safety and Luxury", publicado Livro Lambert Academic Publishing, Omni-Scriptum GmbH and Co. KG, janeiro de 2022.
ISBN: 978-620-4-73029-1163.

[58]. Fouad A. S. Soliman, e Nehal Abou-el fotoh Ali, "World of Osmo-Tic Phenomenon", Livro publicado Lambert Academic Publishing, Omni-Scriptum GmbH & Co. KG, janeiro de 2021.
ISBN: 978-620-4-73327-2164.

[59]. Fouad A. S. Soliman, Ayman H. Shanash & Nehal Abou-el fotoh Ali,
"Uma visão profunda do futuro da energia", livro publicado Lambert
Publicação académica, Omni-Scriptum GmbH and Co. KG, Jan. 2022.
ISBN: 978-620-4-73472-9164.

[60]. Fouad A. S. Soliman, Ayman H. Shanash e Nehal Abou-el fotoh Ali,
"Transição dos combustíveis fósseis para as energias renováveis", publicado
Livro Lambert Academic. Publishing, Omni-Scriptum GmbH and Co. KG, fevereiro de 2022.
ISBN: 978-620-4-74114-7164.

[61]. Fouad A. S. Soliman, Ayman H. Shanash e Nehal Abou-el fotoh Ali, "Ocean Thermal Energy Conversion", livro publicado Lambert Publicação académica, Omni-Scriptum GmbH and Co. KG, Fev. 2022.
ISBN: 978-620-4-74278-61.

[62]. Fouad A. S. Soliman, Ayman H. Shanash e Nehal Abou-el fotoh

Ali, **"The Rapid Movement towards Clean Green World"** (O movimento rápido para um mundo verde e limpo), publicado
Livro Lambert Academic. Publishing, Omni-Scriptum GmbH and Co. KG, fevereiro de 2022.
ISBN: 9786-204-745 183.

[63]. Fouad A. S. Soliman, **Ayman H. Shanash e Nehal Abou-el fotoh Ali, "Engenharia de sistemas de energia renovável"**, Livro publicado
Lambert Academic Publishing, Omni-Scriptum GmbH e Co. KG, fevereiro de 2022.
ISBN: 978-620-4-74716-3.

[64]. Fouad A. S. Soliman, **Ayman H. Shanash e Nehal Abou-el fotoh Ali, "De A a Z sobre as energias renováveis"**, livro publicado
Lambert Academic Publishing, Omni-Scriptum GmbH e Co. KG, março de 2022.
ISBN: 9786-202-053099.

[65]. Fouad A. S. Soliman, Hamed I. E. Mira e Nehal Abou-el fotoh Ali, **"Passos no caminho do futuro e da conservação da energia"**, publicado
Livro Lambert Academic Publishing, Omni-Scriptum GmbH and Co. KG, março de 2022.
ISBN: 9786-139-448388.

[66]. Fouad A. S. Soliman, Nehal Abou-el fotoh Ali & Karima A. Mahmoud, **"Engenharia e conforto na vida inteligente"**, Livro publicado Lambert
Publicação académica, Omni-Scriptum GmbH and Co. KG, março de 2022.
ISBN: 978-620-0-24999-91.

[67]. Fouad A. S. Soliman, Hoda A. Ashry e Nehal Abou-el fotoh Ali, **"World of Fuel Cells"**, Livro publicado Lambert Academic Publishing,
Omni-Scriptum GmbH e Co. KG, abril de 2022.
ISBN: 978-620-4-74855-91.

[68]. Fouad A. S. Soliman, Nehal Abou-el fotoh Ali e Wafaa A. Zekri, **"Engenharia de Sistemas Fotovoltaicos"**, Livro publicado Lambert
Publicação académica, Omni-Scriptum GmbH and Co. KG, abril de 2022.
ISBN: 978-620-4-74893-11.

[69]. Fouad A. S. Soliman, Amira A. Abo-talib e Doaa H. Hanafy, **"Papel da Engenharia Eletrónica nas Ciências Automóvel e Mecânica
ence"**, Livro publicado Lambert Academic Publishing, Omni-Scriptum,
GmbH e Co. KG, maio de 2022.

ISBN: 978-620-4-75130-61.

[70].   Fouad A. S. Soliman, Nihal Abou-alfotoh Ali," **Nano-fiber: O Futuro**
of Materials", publicado no livro Lambert Academic Publishing, Omni-Scriptum, GmbH e Co. KG, maio de 2022.
ISBN: 978-620-4-95505-616.

[71].   Fouad A. S. Soliman, Sanaa A. Kamh e Doaa H. Hanafy", **The Brilliant**
O futuro do lítio no armazenamento de energia", Livro publicado Lambert
Publicação académica, Omni-Scriptum, GmbH and Co. KG, maio de 2022.
ISBN: 978-620-4-98014-0165519.

[72].   Fouad A. S. Soliman, e Hamed I. E. Mira, **"Stereo Microscope: the Nano-Imaging Tool of Future",** Livro publicado Lambert Academic Publicação, Omni-Scriptum, GmbH e Co. KG, maio de 2022.
ISBN: 978-620-5489-406.

[73].   Fouad A. S. Soliman, Amira A. Abo-talib El-laboudi e Karima A. Mahmoud, **"Futuro das tecnologias híbridas de energia",** Livro publicado
Lambert Academic Publishing, Omni-Scriptum, GmbH e Co. KG, maio de 2022.
ISBN: 978-620-5489-406.

[74].   Fouad A. S. Soliman, Wafaa Abdel-basit Zekri e Karima A. Mahmoud,
"O futuro brilhante da imagem digital", livro publicado Lambert
Publicação académica, Omni-Scriptum, GmbH and Co. KG, agosto de 2022.
ISBN: 978-6205-4956-12.

[75].   Fouad A. S. Soliman, **"Future of Interdisciplinary Sciences",** publicado em
Livro Lambert Academic Publishing, Omni-Scriptum, GmbH and Co. KG,
outubro de 2022.
ISBN: 978-620-5-50245-71.

[76].   Fouad A. S. Soliman e **Karima A. Mahmoud, "Fewer Losses on Geração de energia renovável e aplicações",** Livro publicado Lambert Academic Publishing, Omni-Scriptum, GmbH e Co. KG, outubro de 2022.
ISBN: 978-620-4-980669.

[77].   Fouad A. S. Soliman, **Amira Abou-talib El-laboudi e Doaa H. Hassan, "Food Energy",** Livro publicado, Lambert Academic Publicação, Omni-Scriptum, GmbH e Co. KG, outubro de 2022.
ISBN: 978-620-5-50995-116.

[78].   Fouad A. S. Soliman, **Wafaa Abdel-basit Zekri & Karima A.**

Mahmoud," O mundo brilhante do grafeno", livro publicado
Lambert Academic Publishing, Omi-Scriptum, GmbH e Co. KG,
outubro de 2022.
ISBN: 978-620-5-51599-016.

[79]. Fouad A. S. Soliman, **Amira A. Abo-talib & Doaa H. Hanafy," Wind as**
a Mainstream Renewable Power", Livro publicado Lambert
Publicação académica, Omni-Scriptum, GmbH and Co. KG, outubro
de 2022.
ISBN: 978-620-5-52588-316.4

[80]. Fouad A. S. Soliman, e **Karima A. Mahmoud,** "Unmanned Aerial
Aplicações e desenvolvimento de veículos para pesos de poucos
gramas",
Livro publicado Lambert Academic Publishing, Omni-Scriptum,
GmbH
and Co. KG, outubro de 2022.
ISBN: 978-620-4-980669.

[81]. Fouad A. S. Soliman, e **Karima A. Mahmoud,** "The Benefits of
O plástico e os seus perigos iminentes para a humanidade". Livro
publicado
Lambert Academic Publishing, Omni-Scriptum, GmbH and Co. KG,
Out.
2022.
ISBN: 978-620-5622472.

[82]. Fouad A. S. Soliman, e **Karima A. Mahmoud, "Advanced**
Tecnologias para prospeção e mineração de ouro", Livro publicado
Lambert Academic Publishing, Omni-Scriptum, GmbH e Co. KG,
fevereiro de 2023.
ISBN: 978-620-6142263.

[83]. Fouad A. S. Soliman, e **Karima A. Mahmoud, "Neuro-linguistic**
Programing", Livro publicado Lambert Academic Publishing, Omni-
Scriptum, GmbH e Co. KG, março de 2023.
ISBN: 978-620-14432.

[84]. Fouad A. S. Soliman, e **Karima A. Mahmoud, "Future Techniques**
In Mind Mapping", publicado no livro Lambert Academic
Publishing,
Omni-Scriptum, GmbH, and Co. KG, março de 2023.
ISBN: 978-6206-147640.

[85]. Fouad A. S. Soliman, e **Hamid I. E. Mira, "Copper for Bright**
O futuro das energias renováveis", Livro publicado Lambert
Academic
Publicação, Omni-Scriptum, GmbH e Co. KG, março de 2023.
ISBN: 978-6206-142263.

[86]. Fouad A. S. Soliman, **Amira A. Abo-talib e Doaa H. Hanafy,**

Renewable Energy the Power of World by 2050", Livro publicado Lambert Academic Publishing, Omni-Scriptum, GmbH e Co. KG, março de 2023. abril de 2023.
ISBN: 978-6206-153573.

[87]. Fouad A. S. Soliman e Karima A. Mahmoud, Global Energy Interligação e prática" Livro publicado Lambert Academic Publicação Omni-Scriptum, GmbH e Co. KG. abril de 2023.
ISBN: 978-6206-153573.

[88]. Fouad A. S. Soliman, Hamid I. E. Mira e Karima A. Mahmoud, "Uma visão do mundo da tecnologia da energia eólica". Publicado Livro Lambert Academic Publishing, Omni-Scriptum, GmbH and Co. KG. setembro de 2023.
ISBN: 978-6206-781967.

[89]. Fouad A. S. Soliman, Wafaa A. Zekri e Karima A. Mahmoud, "O papel do hidrogénio na vida humana". Livro publicado Lambert
Publicação académica, Omni-Scriptum, GmbH e Co. KG. Set. 2023.
ISBN: 978-6206-78625-2.

[90]. Fouad A. S. Soliman, e Karima A. Mahmoud, "Future of Energias Renováveis e Técnicas de Armazenamento". Livro publicado
Lambert Academic Publishing, Omni-Scriptum, GmbH e Co. KG. setembro de 2023.
ISBN: 978-6206-790570.

[91]. Fouad A. S. Soliman, Hamid I. E. Mira e Karima A. Mahmoud, "Importância, pobreza, transmissão e segurança das energias renováveis
Energia". Livro publicado Lambert Academic Publishing, Omni-Scriptum, GmbH e Co. KG. setembro de 2023.
ISBN: 978-6206-8433513.

[92]. Fouad A. S. Soliman, Hamid I. E. Mira e Karima A. Mahmoud, "Rumo a 100 % de energias renováveis". Livro publicado Lambert
Academic Publishing, Omni-Scriptum, GmbHand Co. KG. Dez. 2023.
ISBN: 978-620-7-44774-9.

[93]. Fouad A. S. Soliman, e Karima A. Mahmoud, "Vehicles Operação para um futuro não poluído". Livro publicado Lambert Publicação académica, Omni-Scriptum, GmbH e Co. KG. Dez. 2023.
ISBN: 978-620-7-45399-3.

[94]. Fouad A. S. Soliman, e Karima A. Mahmoud, "World of Fotónica". Livro publicado Lambert Academic Publishing, Omni-Scriptum, GmbH e Co. KG. dezembro de 2023.
ISBN: 978-620-7-45399-3.

[95]. Fouad A. S. Soliman, e Karima A. Mahmoud, "Electronics and

Informática para eleições justas". Livro publicado
Publicação académica, Omni-Scriptum, GmbH e Co. KG. Dez.
2023.
    ISBN: 978-620-7-474783.

[96]. Fouad A. S. Soliman, **Hamid I.ER.Mira e Karima A. Mahmoud,
"Fosfatos, Ácidos Fosfóricos e Células Fule".** Livro publicado
Lambert
    Publicação académica, Omni-Scriptum, GmbH e Co. KG. Dez.
2023.
    ISBN: 978-620-7-484935.

[97]. Fouad A. S. Soliman, **e Karima A. Mahmoud, "Waste Heat
Recovery for Power Generation Applications".** Livro publicado
Lambert Academic Publishing, Omni-Scriptum, GmbH e Co. KG.
dezembro de 2023.
    ISBN: 978-620-7-48768-4.

[98]. Fouad A. S. Soliman, **Hamed I. E. Mira, e Karima A. Mahmoud,
"Estradas Solares",** Livro Publicado. Lambert Academic
Publishing, Omni-
    Scriptum, GmbH e Co. KG. janeiro de 2024.
    ISBN: 978-620-3-19965-5.

[99]. Fouad A. S. Soliman, **e Karima A. Mahmoud, "Solar Energy
Engenharia".** Livro publicado Lambert Academic Publishing,
Omni-
    Scriptum, GmbH e Co. KG, maio de 2024.
    ISBN: 978-620-7-64062-1.

[100]. Fouad A. S. Soliman, **e Karima A. Mahmoud, "New Look to the
O mundo da energia negra e dos materiais".** Livro publicado
Lambert
    Publicação académica, Omni-Scriptum, GmbH e Co. KG, junho de
2024.
    ISBN: 978-620-7-64872-6.

[101]. Fouad A. S. Soliman, **e Karima A. Mahmoud, "Artificial
Intelligence
e o Futuro da Humanidade".** Livro publicado Lambert Academic
Publi-
    shing, Omni-Scriptum, GmbH e Co. KG, junho de 2024.
    ISBN: 978-620-7-65198-6.

[102]. Fouad A. S. Soliman, **e Karima A. Mahmoud, "Technological
Road-
mapas para o objetivo de emissões líquidas zero até 2030 e
2050".** Livro publicado
    Lambert Academic Publishing, Omni - Scriptum, GmbH and Co.
KG, junho
    2024.
    ISBN: 978-620-7-809264.

[103]. Fouad A. S. Soliman, Hamed I. E. Mira e Karima A. Mahmoud, "Perovskite para o futuro brilhante das células solares". Livro publicado Lambert Academic Publishing, Omni - Scriptum, GmbH and Co. KG, julho 2024.
ISBN: 978-620-7-995462.

[104]. Fouad A. S. Soliman e Karima A. Mahmoud, "Role of Neural Redes sobre o futuro brilhante das ciências da computação". Publicado Livro Lambert Academic Publishing, Omni - Scriptum, GmbH and Co. KG, agosto de 2024.
ISBN: 978-620-8-01103-1.

[105]. Fouad A. S. Soliman, Hamed I. E. Mira e Islam G. El-hendawy, "Regenerações de células fotovoltaicas e seus desenvolvimentos Investigação", Livro publicado Lambert Academic Publishing, Omni - Scriptum, GmbH e Co. KG, setembro de 2024.
ISBN: 978-620-8-11919-5.

[106]. Fouad A. S. Soliman e Karima A. Mahmoud, "World of Hybridi-zação". Livro publicado Lambert Academic Publishing, Omni - Scrip-tum, GmbH e Co. KG, outubro de 2024.
ISBN: 978-620-817902.

Karima A. Mahmoud
Investigador de Física

[1]. Fouad A. S. Soliman e Karima A. Mahmoud, "Future of Materiais Compósitos" Livro publicado, Lambert Academic Publishing, Omni-Scriptum GmbH e Co. KG, julho de 2019.
ISBN 978-620-0-24780-3.

[2]. Fouad A. S. Soliman e Karima A. Mahmoud, "Neurons Modeling e Circuitos Eléctricos Equivalentes", Publicação, Omni-Scriptum GmbH and Co. KG, agosto de 2019.
ISBN 978-620-0-29375-6.

[3]. Fouad A. S. Soliman e Karima A. Mahmoud "Future of Electron

Beam Applications", Publishing, Omni-Scriptum GmbH and Co. KG,
setembro de 2019.
ISBN 978-620-0-43740-2.

[4]. **Fouad A.S.Soliman e** Karima A. Mahmoud, **"Renewable Energy e o futuro da vida humana"**, Livro publicado Lambert Academic Publicação, Omni-Scriptum GmbH e Co. KG, fevereiro de 2020.
ISBN 978-620-0-53632-7.

[5]. **Fouad A. S. Soliman**, Karima A. Mahmoud e Amira Abdel-magid, **"Projecções, desenvolvimentos e explorações de energias renováveis Recursos"** Livro publicado, Lambert Academic Publishing, Omni Scriptum GmbH and Co. KG, março de 2020.
ISBN 978-620-065158-7.

[6]. **Fouad A. A. Soliman**, Wafaa Abd El-Basit e Karima A. Mahmoud, **"Tecnologias fotovoltaicas inteligentes e o futuro da energia"**, Livro publicado, Lambert Academic Publishing, Omni- Scriptum GmbH and Co. KG, março de 2020.
ISBN 978-620-251267-1

[7]. **Fouad A. S. Soliman, Sanaa A.Kamh e** Karima A. Mahmoud", **Tecnologia de hardware de código aberto,** Livro publicado, Lambert Publicação académica, Omni-Scriptum GmbH e Co. KG, abril de 2020.
ISBN 978-620-2-51639-6.

[8]. **Fouad A. S. Soliman e** Karima A. Mahmoud, **"New Trends in Benefícios das energias renováveis para a humanidade"**, livro publicado, Lambert Publicação académica, Omni-Scriptum GmbH e Co. KG, maio de 2020.
ISBN 978-620-2-51887-1.

[9]. **Fouad A. S. Soliman, Ashraf M. Abdel-maksoud e** Karima A. Mahmoud," **Armazenamento, transmissão e monitorização de energia"**, Livro publicado, Lambert Academic Publishing, Omni-Scriptum GmbH e Co. K.G., maio de 2020.
ISBN 978-6213-94971-2.

[10]. **Fouad A. S. Soliman**, Karima A. Mahmoud e Amira Abdel-Magid, **"Projecções, desenvolvimentos e explorações de energias renováveis Recursos"** Livro publicado, Lambert Academic Publishing, Omni-Scriptum GmbH and Co. KG, março de 2020.

ISBN 978-620-065158-7.

[11]. **Fouad A. A. Soliman**, Wafaa Abd El-Basit e Karima A. Mahmoud"
Smart Photovoltaic Technologies and the Future of Energy"
(Tecnologias fotovoltaicas inteligentes e o futuro da energia),
Livro publicado, Lambert Academic Publishing, Omni- Scriptum GmbH
and Co. KG, março de 2020.
ISBN 978-620-251267-1

[12]. **Fouad A. S. Soliman, Sanaa A. Kamh e** Karima A. Mahmoud",
Tecnologia de hardware de código aberto, Livro publicado,
Lambert
Publicação académica, Omni-Scriptum GmbH e Co. KG, abril de
2020.
ISBN 978-620-2-51639-6

[13]. Fouad A. S. Soliman e Karima A. Mahmoud, **" New Trends in**
Benefícios das energias renováveis para a humanidade", livro
publicado, Lambert
Publicação académica, Omni-Scriptum GmbH and Co. KG, maio de
2020.
ISBN 978-620-2-51887-1.

[14]. **Fouad A. S. Soliman, Ashraf M. Abdel-maksoud e** Karima A.
Mahmoud, **"Armazenamento, transmissão e monitorização de**
energia",
Livro publicado, Lambert Academic Publishing, Omni-Scriptum
GmbH
and Co. KG, maio de 2020.
ISBN 978-613-4-94971-2.

[15]. **Fouad S. S. Soliman, e** Karima A. Mahmoud, **"Climate Effects**
on
Sistemas fotovoltaicos e sua manutenção e reciclagem", Livro
publicado,
Lambert Academic Publishing, Omni-Scriptum GmbH e Co. KG,
junho
2020.
ISBN 978-620-2-56451-9.

[16]. **Fouad A. S. Soliman, Safaa M. El-Ghanam e** Karima A.
Mahmoud, **"O mundo das tecnologias de gel",** Livro publicado,
Lambert Academic Publishing, Omni-Scriptum GmbH e Co. KG,
agosto de 2020.
ISBN 978-620-2-68432-3.

[17]. **Fouad A. S. Soliman, Ashraf M. Abedel-maksoud e** Karima A.
Mahmoud", **Tecnologias de energia autónoma e distribuída**
Systems", Livro Publicado, Lambert Academic Publishing, Omni-
Scriptum GmbH and Co. KG, setembro de 2020.
ISBN 978-620-0-50455-6.

[18]. **Fouad A. S. Soliman, Ashraf M. Abedel-maksoud e** Karima A. Mahmoud", **Technology and Future of Nano-fluids"**, Livro publicado,
Lambert Academic Publishing, Omni-Scriptum GmbH e Co. KG, setembro de 2020.
ISBN 978-620-2-80132-4.

[19]. **Fouad A. S. Soliman, Sanaa A.** Kamh e Karima A. Mahmoud, "Novas Tendências em Micro e Híbridas Redes de Energia", Livro Publicado,
Lambert Academic **Publishing**, Omni-Scriptum GmbH e Co. KG, dezembro de 2020.
ISBN 978-620-2-92022-3.

[20]. **Fouad A. S. Soliman, Safaa R. El-Ghanam e** Karima A. Mahmoud, **"Novas Tendências em Sistemas Fotovoltaicos"**, **Livro** Publicado,
Lambert Academic Publishing, Omni-Scriptum GmbH and Co, K.G. Dez. 2020.
ISBN 978-620-3-47075-8.

[21]. **Fouad A. S. Soliman, Hamed I. E. Mira e** Karima A. Mahmoud, **"Pneus de sucata entre as tecnologias de reciclagem e de bioenergia",**
Livro publicado Lambert Academic Publishing, Omni-Scriptum GmbH
and Co. KG, março de 2021.
ISBN 978-620-57464-7.

[22]. **Fouad A. S. Soliman e** Karima A. Mahmoud, **"Automatic Monitoring of PV-Systems',** Livro publicado Lambert Academic.
Publicação,
Omni-Scriptum GmbH e Co. KG, setembro de 2021.
ISBN 978-620-3-58196-6.

[23]. **Fouad A. S. Soliman, Hamed I. E. Mira e** Karima A. Mahmoud, **"Hidrogénio: O Futuro dos Combustíveis sem Carbono",** Livro Publicado
Lambert Academic Publishing, Omni-Scriptum GmbH e Co. KG, outubro de 2021.
ISBN 978-620-40 20741-4.

[24]. **Fouad A. S. Soliman, e** Karima A. Mahmoud, "Unmanned Aerial Aplicações e desenvolvimento de veículos para pesos de poucos gramas",
Livro publicado Lambert Academic Publishing, Omni-Scriptum, GmbH
and Co. KG, outubro de 2022.
ISBN: 978-620-4-980669.

[25]. **Fouad A. S. Soliman, e** Karima A. Mahmoud, "The Benefits of

O plástico e os seus perigos iminentes para a humanidade", livro publicado
Lambert Academic Publishing, Omni-Scriptum, GmbH e Co. KG, outubro de 2022.
ISBN: 978-620-5622472.

[26]. **Fouad A. S. Soliman, e** Karima A. Mahmoud, **"Advanced Tecnologias para prospeção e mineração de ouro",** Livro publicado
Lambert Academic Publishing Omni-Scriptum, GmbH e Co. KG, fevereiro de 2023.
ISBN: 978-620-6142263.

[27]. **Fouad A. S. Soliman e** Karima A. Mahmoud, **"Neuro-linguistic Programação",** Livro publicado Lambert Academic Publishing, Omni-
Scriptum, GmbH e Co. KG, março de 2023.
ISBN: 978-620-14432.

[28]. **Fouad A. S. Soliman, e** Karima A. Mahmoud, **"Global Energy Interligação e Prática".** Livro publicado Lambert Academic Publicação, Omni-Scriptum, GmbH e Co. KG, abril de 2023.
ISBN: 978-6206-153573.

[29]. **Fouad A. S. Soliman, Hamid I. E. Mira e** Karima A. Mahmoud, **"Uma visão do mundo da tecnologia da energia eólica".** Publicado
Livro Lambert Academic Publishing, Omni-Scriptum, GmbH and Co.
KG. setembro de 2023.
ISBN: 978-6206-781967.

[30]. **Fouad A. S. Soliman, Wafaa A. Zekri e** Karima A. Mahmoud, **Role do Hidrogénio na Vida Humana".** Livro publicado Lambert Academic
Publicação, Omni-Scriptum, GmbH e Co. KG. setembro de 2023.
ISBN: 978-6206-78625-2.

[31]. **Fouad A. S. Soliman e** Karima A. Mahmoud, **"Future of Energias Renováveis e Técnicas de Armazenamento".** Livro publicado
Lambert Academic Publishing, Omni-Scriptum, GmbH e Co. KG. setembro de 2023.
ISBN: 978-6206-790570.

[32]. **Fouad A. S. Soliman, Hamid I. E. Mira e** Karima A. Mahmoud, **"Importância, pobreza, transmissão e segurança das energias renováveis Energia".** Livro publicado Lambert Academic Publishing, Omni-Scriptum, GmbH e Co. KG. setembro de 2023.

ISBN: 978-6206-8433513.

[33]. **Fouad A. S. Soliman, Hamid I. E. Mira e** Karima A. Mahmoud,
"Rumo a 100 % de energias renováveis". Livro publicado
Lambert
Publicação académica, Omni-Scriptum, GmbH e Co. KG. Dez.
2023.
ISBN: 978-620-7-44774-9.

[34]. **Fouad A. S. Soliman, e** Karima A. Mahmoud, **"Vehicles Operation
Um futuro não poluído".** Livro publicado Lambert Academic Publishing, Omni-Scriptum, GmbH e Co. KG. dezembro de 2023.
ISBN: 978-620-7-45399-3.

[35]. Fouad A. S. Soliman, **e Karima A. Mahmoud, "World of
Fotónica".** Livro publicado Lambert Academic Publishing, Omni-Scriptum, GmbH e Co. KG. dezembro de 2023.
ISBN: 978-620-7-467945.

[36]. **Fouad A. S. Soliman, e** Karima A. Mahmoud, **"Electronics and
Ciências da Computação para eleições justas".** Livro publicado
Lambert
Publicação académica, Omni-Scriptum, GmbH e Co. KG. Dez. 2023.
ISBN: 978-620-7-474783.

[37]. **Fouad A. S. Soliman e** Karima A. Mahmoud, **"Phosphates,
Ácidos Fosfóricos e Células Fule".** Livro publicado Lambert
Academic
Publicação, Omni-Scriptum, GmbH e Co. KG. dezembro de 2023.
ISBN: 978-620-7-484935.

[38]. **Fouad A. S. Soliman, e** Karima A. Mahmoud, **"Waste Heat
Reco-
very for Power Generation Applications".** Livro publicado
Lambert
Publicação académica, Omni-Scriptum, GmbH e Co. KG. Dez.
2023.
ISBN: 978-620-7-48768-4.

[39]. **Fouad A. S. Soliman, Hamed I. E. Mira, e** Karima A. Mahmoud,
"Estradas Solares", Livro Publicado. Lambert Academic
Publishing, Omni-
Scriptum, GmbH e Co. KG. janeiro de 2024.
ISBN: 978-620-3-19965-5.

[40]. **Fouad A. S. Soliman, e** Karima A. Mahmoud, **"Solar Energy
Engin-
eering".** Livro publicado Lambert Academic Publishing, Omni-Scriptum,
GmbH e Co. KG, maio de 2024.
ISBN: 978-620-7-64062-1.

[41]. **Fouad A. S. Soliman, e** Karima A. Mahmoud, **"New Look to the**

O mundo da energia negra e dos materiais". Livro publicado Lambert
Publicação académica, Omni-Scriptum, GmbH e Co. KG, junho de 2024.
ISBN: 978-620-7-64872-6.
[42]. **Fouad A. S. Soliman, e** Karima A. Mahmoud, **"Inteligência Artificial**
e o Futuro da Humanidade". Livro publicado Lambert Academic
Publicação, Omni-Scriptum, GmbH e Co. KG, junho de 2024.
ISBN: 978-620-7-65198-6.
[43]. **Fouad A. S. Soliman e** Karima A. Mahmoud, **"Technological Road-**
mapas para o objetivo de emissões líquidas zero até 2030 e 2050". Livro publicado
Lambert Academic Publishing, Omni - Scriptum, GmbH and Co. KG, junho
2024.
ISBN: 978-620-7-809264.
[44]. **Fouad A. S. Soliman, Hamed I. E. Mira e** Karima A. Mahmoud,
"Perovskite para o futuro brilhante das células solares". Livro publicado
Lambert Academic Publishing, Omni - Scriptum, GmbH and Co. KG, julho
2024.
ISBN: 978-620-7-995462.
[45]. **Fouad A. S. Soliman e** Karima A. Mahmoud, **"Role of Neural**
Redes sobre o futuro brilhante das ciências da computação". Publicado
Livro Lambert Academic Publishing, Omni - Scriptum, GmbH and Co.
KG, agosto de 2024.
ISBN: 978-620-8-01103-1.
[46]. **Fouad A. S. Soliman e** Karima A. Mahmoud, **"World of Hybridi-**
zação". Livro publicado Lambert Academic Publishing, Omni - Scriptum,
GmbH e Co. KG, outubro de 2024.
ISBN: 978-620-817902.

Agradecimentos

Estamos ajoelhados em obediência a ALÁ, agradecendo-Lhe por me ter mostrado o caminho certo. Sem a ajuda de Deus, os nossos esforços ter-se-iam perdido. Foi com a graça de Deus que conseguimos alcançar este grande feito. Agradecemos também a uma pessoa que amamos muito, o Profeta Maomé (que Deus o louve e lhe dê paz).

Gostaríamos também de expressar a nossa mais profunda gratidão a:

- Nuclear Materials Authority, Cairo, Egito.
Funcionário dos diferentes sectores.

- Women College for Arts, Science, and Education, Ain-shams University, Cairo, Egito
Membros do pessoal do Departamento de Física e do Laboratório de Investigação em Eletrónica.

- Centro Nacional de Investigação e Tecnologia das Radiações, Cairo, Egito
Membros do pessoal do Departamento de Física das Radiações.

- Membros do pessoal do Centro Egípcio de Estudos Económicos, Investigação Científica e Ambiental e Desenvolvimento.

Resumo

Um laser é um dispositivo que emite luz através de um processo de amplificação ótica baseado na emissão estimulada de radiação electromagnética. A palavra laser é um acrónimo que teve origem no acrónimo de amplificação da luz por emissão estimulada de radiação. O primeiro laser foi construído em 1960 por Theodore Maiman nos Hughes Research Laboratories, com base num trabalho teórico de Charles H. Townes e Arthur Leonard Schawlow.

Um laser distingue-se de outras fontes de luz pelo facto de emitir luz coerente. A coerência espacial permite que um laser seja focado num ponto apertado, possibilitando aplicações como o corte a laser e a litografia. Permite também que um feixe laser se mantenha estreito a grandes distâncias (colimação), uma caraterística utilizada em aplicações como os ponteiros laser e o lidar (light detection and ranging). Os lasers podem também ter uma coerência temporal elevada, o que lhes permite emitir luz com um espetro de frequência muito estreito. Em alternativa, a coerência temporal pode ser utilizada para produzir impulsos ultra-curtos de luz com um espetro alargado, mas com durações tão curtas como um femtossegundo.

Os lasers são utilizados em unidades de disco ótico, impressoras laser, leitores de códigos de barras, instrumentos de sequenciação de ADN, comunicações ópticas por fibra ótica e no espaço livre, fabrico de pastilhas semicondutoras (fotolitografia), cirurgia laser e tratamentos de pele, materiais de corte e soldadura, dispositivos militares e policiais para marcar alvos e medir o alcance e a velocidade, e em ecrãs de iluminação laser para entretenimento. Os lasers de semicondutores na gama do azul ao UV próximo foram também utilizados em vez de díodos emissores de luz (LED) para excitar a fluorescência como fonte de luz branca; isto permite uma área de emissão muito mais pequena devido à radiação muito maior de um laser e evita a queda sofrida pelos LED; estes dispositivos são já utilizados em alguns faróis de automóveis.

Palavras-chave

Laser, luz, amplificação, estimulada, emissão, radiação, feixes, viajar, milhas, para, céu, cortar, através, superfícies, metais, Hughes, pesquisa, laboratórios, primeiro, por filho, construir, laser prático, lasers, aplicações, vários, campos, diferentes, tipos, numerosos, classificados, tipos, baseados, meio, usado, lasers de estado sólido, lasers de gás, lasers líquidos, lasers de semicondutores, lasers químicos, lasers de vapor de metal, meio, usado, é, sólido, material sólido, usado, quer, vidro, quer, materiais cristalinos, impurezas, forma, iões, juntamente, com, o, material, hospedeiro, dopagem, termo, usado, descrevendo, processo, adição, impurezas, substância, dopantes, térbio (Tb), érbio (Eu), cério (Ce), elementos de terras raras, vidro dopado com itérbio, granada de ítrio-alumínio dopada com neodímio, vidro dopado com neodímio, safira, comummente, hospedeiro, granada de ítrio-alumínio dopada com neodímio, acima, diagrama simplificado de níveis de energia, dois níveis amplos bombeados opticamente decaem rapidamente para níveis de laser metaestáveis superiores através de transições não radiativas, setas tracejadas, energia, destas transições não radiativas, perdida no cristal, calor, finalmente, o ião de crómio volta a excitar o estado fundamental, emitindo o fotão do laser, note-se que o laser de rubi de 3 níveis requer, boa, quantidade, de, energia de, bomba, alcançar, inversão de população, não, pode, produzir, feixe, produz, série, pulsos de laser brilhantes, alcançar inversão de população, pulso forte, banda larga, luz, usado para, excitar, a maioria, dos, iões de crómio, estado excitado, tipicamente, realizado, com, uso de, lâmpada de flash helicoidal, rodeia, cristal de rubi cilíndrico, duas extremidades, cilindro, revestido, sing, evaporação, técnicas, refletir, vermelho 694.3 nm, porque, comprimento de onda, saída, laser de rubi, banda estreita, pulso de luz, pode ser, forte, este, mais, preferido, diodo laser (LD), também, diodo laser de injeção, ILD, laser de semicondutor, ou laser de diodo, dispositivo semicondutor, semelhante, diodo emissor de luz, diodo bombeado, diretamente, com, corrente elétrica, pode, criar, condições de las-ing, junção do diodo, tensão, dopado p-n-transição, permite, recombinação, um, eletrão, buraco, devido, à, queda, do, eletrão, nível, de, energia, mais alto, mais baixo, emitido, fotão, gerado, emissão, espontânea, emissão, estimulada, pode, ser, produzido, processo, continuado, mais, gera, luz, mesma, fase, coerência, e, comprimento, de, onda, escolha, material, semicondutor, determina, comprimento, de, onda, emitido, feixe, os, díodos, laser, actuais, vão, do, infravermelho, ao, espetro, ultravioleta (UV), comum, tipo, lasers produzidos, vasta gama, incluem, comunicações por fibra ótica, leitores de códigos de barras, ponteiros laser, leitura/gravação de CD/DVD/raios azuis, impressão laser, digitalização laser, iluminação por feixe de luz, fósforo, como, encontrado, LEDs brancos, díodos laser, iluminação geral, fabrico atual, especialmente, fabrico aditivo, indústria, permitem, engenheiros, criar, caraterísticas, mais complexas, designs de produtos, requerem tolerâncias apertadas, a maquinagem a laser pode criar caraterísticas finas, difíceis ou impossíveis, de fazer, utilizando equipamento de maquinagem tradicional, o laser corta, super-limpo, rebarbas ou efeitos de calor, o material circundante - eliminando, assim, a necessidade de algumas etapas de acabamento secundário, os processos a laser estão a tornar-se tecnologias de fabrico de referência, os fabricantes de dispositivos médicos concebem produtos mais pequenos e mais avançados.

Índice

Capítulo (1)
Classificações e normas de laser

Uma das questões mais frequentemente colocadas no sector dos lasers é a das diferenças entre as várias normas e classificações de lasers. Num esforço para esclarecer este assunto, apresentamos o seguinte:

1.1. Lasers

O laser é um dispositivo que emite luz através de um processo de amplificação ótica baseado na emissão estimulada de radiação electromagnética. A palavra laser é um anacrónimo que teve origem como acrónimo de amplificação da luz por emissão estimulada de radiação [1, 2]. O primeiro laser foi construído em 1960 por Theodore Maiman nos Hughes Research Laboratories, com base num trabalho teórico de Charles H. Townes e Arthur Leonard Schawlow [3].

Um laser difere de outras fontes de luz pelo facto de emitir luz que é coerente. A coerência espacial permite que um laser seja focado num ponto apertado, possibilitando aplicações como o corte a laser e a litografia. Permite também que um feixe laser se mantenha estreito a grandes distâncias (colimação), uma caraterística utilizada em aplicações como os ponteiros laser e o lidar (light detection and ranging). Os lasers podem também ter uma coerência temporal elevada, o que lhes permite emitir luz com um espetro de frequência muito estreito. Em alternativa, a coerência temporal pode ser utilizada para produzir impulsos ultra-curtos de luz com um amplo espetro, mas com durações tão curtas como um femto-segundo.

Os lasers são utilizados em unidades de disco ótico, impressoras a laser, leitores de códigos de barras, instrumentos de sequenciação de ADN, comunicações ópticas por fibra ótica e no espaço livre, fabrico de pastilhas semicondutoras (fotolitografia), cirurgia a laser e tratamentos da pele, materiais de corte e soldadura, dispositivos militares e policiais para marcar alvos e medir o alcance e a velocidade, e em ecrãs de iluminação a laser para entretenimento. Os lasers de semicondutores na gama do azul ao UV próximo foram também utilizados em vez de díodos emissores de luz (LED) para excitar a fluorescência como fonte de luz branca; isto permite uma área de emissão muito mais pequena devido à radiância muito maior de um laser e evita a queda sofrida pelos LED; estes dispositivos são já utilizados em alguns faróis de automóveis [4-7].

1.1.1. Aulas de laser
1.1.1.1. ANSI

O American National Standards Institute (ANSI) é uma organização na qual especialistas voluntários participam em comités para estabelecer normas de consenso industrial em vários domínios. O Comité ANSI Z136 publicou ou tem em desenvolvimento sete normas específicas para o domínio do laser [8].

A versão atual da norma principal ANSI Z136.1 (Z136.1-2000) atribui aos lasers uma de quatro classes de perigo gerais (1, 2, 3a, 3b e 4), dependendo do potencial para causar danos biológicos. A classificação é determinada por cálculos baseados no tempo de exposição, no comprimento de onda do laser e na potência média para lasers de ondas contínuas ou pulsados repetidamente e na energia total por impulso para lasers pulsados (1).

Estes cálculos são usados para determinar um fator definido como o Limite de Emissão Acessível, ou AEL, que é o produto matemático do Limite Máximo de Exposição Permissível (MPE) dado na Norma e um fator de área computado a partir do termo definido chamado Abertura Limitante (LA). Ou seja [9]:

AEL = MPE x Área de LA

As aberturas limitadoras dependem de factores como o comprimento de onda do laser e baseiam-se em factores físicos como o tamanho da pupila totalmente dilatada (7 mm) e os "pontosquentes" do feixe (1 mm).

Para a maior parte das exposições à pele e das exposições IR ao olho com uma duração superior a 10 segundos, o movimento involuntário dos olhos e do corpo, bem como a condução de calor, produzirão um perfil de irradiância médio numa área de cerca de 10 mm2 , mesmo que a parte do corpo irradiada seja mantida intencionalmente imóvel. Isto equivale a um tamanho de cerca de 3,5 mm.

Especialmente no infravermelho próximo, a radiação penetra relativamente profundamente na pele e, devido à dispersão, o perfil de irradiância é calculado em média nas dimensões correspondentes. Para comprimentos de onda superiores a 0,1 mm, é especificada uma dimensão de abertura de 11 mm, dado que aberturas mais pequenas conduziriam a medições inexactas devido a efeitos de difração. Cada classe de laser baseia-se nestes limiares AEL [10]:

Lasers ou sistemas da classe 1: não podem emitir radiação laser acessível superior ao NAE aplicável da classe 1 para quaisquer tempos de exposição dentro da duração máxima inerente à conceção ou à utilização prevista do laser. Os lasers da classe 1 estão isentos de todas as medidas de controlo de risco de feixe.

Lasers da classe 2: são lasers em ondas contínuas e pulsados repetidamente com comprimentos de onda entre 0,4 µm e 0,7 µm, que podem emitir energia superior ao NAE da classe 1, mas não excedem o NAE da classe 1 para uma duração de emissão inferior a 0,25 segundos e têm uma potência radiante média igual ou inferior a 1 mW.

Lasers da classe 3a: têm uma potência acessível compreendida entre 1 e 5 vezes o AEL da classe 1 para comprimentos de onda inferiores a 0,4 µm ou superiores a 0,7 µm, ou inferior a 5 vezes o AEL da classe 2 para comprimentos de onda inferiores a 0,4 µm ou superiores a 0,7 µm.

AEL de classe 2: para comprimentos de onda entre 0,4 µm e 0,7 µm.

Lasers da classe 3b: não podem emitir uma potência radiante média superior a 0,5 Watts para um tempo de exposição igual ou superior a 0,25 segundos ou 0,125 Joules para um tempo de exposição inferior a 0,25 segundos para comprimentos de onda entre 0,18 µm e 0,4 µm, ou entre 1,4 µm e 1 mm. Além disso, os lasers entre 0,4 µm e 1,4 µm que excedam o AEL da classe 3a não podem emitir uma potência radiante média superior a 0,5 Watts para exposições iguais ou superiores a 0,25 segundos, ou uma energia radiante superior a 0,03 Joules por impulso.

Lasers da classe 4: e sistemas laser que excedam o AEL da classe 3b.

1.1.1.2. CDRH

O Centro de Dispositivos e Saúde Radiológica (CDRH) é um departamento de regulamentação da Administração Federal de Alimentos e Medicamentos (FDA) do Departamento de Saúde e Serviços Humanos dos EUA. O CDRH foi criado pelo Congresso para normalizar a segurança do desempenho dos produtos laser fabricados. Todos os produtos laser fabricados e comercializados, após 2 de agosto de 1976, devem cumprir estes regulamentos [11].

O regulamento é conhecido como Federal Laser Product Performance Standard (FLPPS) e está identificado como 21CFR subcapítulo partes 1040.10 e 1040.11. A FLPPS atribui aos lasers um de quatro grandes perigos, de forma semelhante à norma ANSI Z136.1 (2000) - Classes I, II, IIIa, IIIb e IV - consoante o potencial para causar danos biológicos.(2)

Produto laser da classe I: qualquer produto laser que não permita o acesso humano, durante o seu funcionamento, a níveis de radiação laser superiores aos limites de emissão acessíveis definidos no quadro I do 21 CFR, subcapítulo J, parte 1040.10. Os níveis de radiação laser da classe I não são considerados perigosos.

Produto laser de classe II: qualquer produto laser que permita o acesso humano, durante o seu funcionamento, a níveis de radiação laser visível superiores aos limites de emissão acessíveis constantes do quadro II-A do 21 CFR, subcapítulo J, parte 1040.10, mas que não permita o acesso humano, durante o seu funcionamento, a níveis de radiação laser superiores aos limites de emissão acessíveis constantes do quadro II do 21 CFR, subcapítulo J, parte 1040.10. Os níveis de radiação laser da classe II são considerados como um perigo crónico para a visão.

Produto laser da classe IIIa: qualquer produto laser que permita o acesso humano, durante o seu funcionamento, a níveis de radiação laser visível superiores aos limites de emissão acessíveis constantes do quadro II do 21 CFR, subcapítulo J, parte 1040.10, mas que não permita o acesso humano, durante o seu funcionamento, a níveis de radiação laser superiores aos limites de emissão acessíveis constantes do quadro III-A do 21 CFR, subcapítulo J, parte 1040.10. Os níveis de radiação laser da classe IIIa são considerados, em função da irradiância, um perigo agudo de visualização intra-feixe ou um perigo crónico de visualização, e um perigo agudo de visualização se forem vistos diretamente com instrumentos ópticos.

Produto laser da classe IIIb: qualquer produto laser que permita o acesso humano, durante o seu funcionamento, a níveis de radiação laser superiores aos limites de emissão acessíveis do quadro III-A, mas que não permita o acesso humano, durante o seu funcionamento, a níveis de radiação laser superiores aos limites de emissão acessíveis constantes do quadro III-B do 21 CFR, subcapítulo J, parte 1040.10. Os níveis de radiação laser da classe IIIb são considerados como um perigo agudo para a pele e para os olhos devido a radiação direta. Os produtos laser da classe IIIb podem ter painéis amovíveis que, quando deslocados, permitem o acesso a níveis de radiação laser que vão da classe II à classe IV.

Laser da classe IV: produto que permite o acesso humano, durante o seu funcionamento, a níveis de radiação laser superiores aos limites de emissão acessíveis constantes do quadro III-B do 21 CFR, subcapítulo J, parte 1040.10. Os níveis de radiação laser da classe IV são considerados como um perigo agudo para a pele e para os olhos devido à radiação direta e dispersa. Os produtos laser da classe IV podem ter painéis amovíveis que, quando deslocados, permitem o acesso a níveis de radiação laser que vão da classe II à classe IV.

1.1.1.3. OSHA

No Ministério do Trabalho encontra-se a Occupational Safety and Health Administration (OSHA), que é responsável por garantir um local de trabalho seguro. Atualmente, a OSHA não dispõe de uma norma global de segurança para lasers. Em vez disso, a política da OSHA tem sido confiar na norma ANSI Z136.1, a norma de laser geralmente aceite pela indústria, e nos requisitos do fabricante de laser FDA/CDRH [12].

1.1.1.4. CEI

A International Electro-technical Commission (IEC) é uma organização global que prepara e publica normas internacionais para todas as tecnologias eléctricas, electrónicas e relacionadas. O documento IEC 60825-1 é a norma principal que define a segurança dos produtos laser. A classificação é baseada em cálculos e determinada pela AEL, tal como acontece com a norma ANSI, mas a norma IEC também incorpora as condições de visualização [13]:

Lasers de classe 1: apresentam um risco muito baixo e são "seguros numa utilização razoavelmente previsível", incluindo a utilização de instrumentos ópticos para visualização intra-feixe.

Lasers da classe 1M: têm comprimentos de onda entre 302,5 nm e 4000 nm e são seguros, exceto quando utilizados com auxílios ópticos (por exemplo, binóculos).

Lasers da classe 2: não permitem o acesso humano a níveis de exposição superiores ao NAE da classe 2 para comprimentos de onda entre 400 nm e 700 nm. Quaisquer emissões fora desta região de comprimento de onda devem ser inferiores ao NAE da classe 1.

Classe 2M: os lasers têm comprimentos de onda entre 400 nm e 700 nm e são potencialmente perigosos quando observados com um instrumento ótico. Quaisquer emissões fora desta região de comprimento de onda devem ser inferiores ao AEL da classe 1M.

Lasers da classe 3R: variam entre 302,5 nm e 106 nm e são potencialmente perigosos, mas o risco é inferior ao dos lasers da classe 3B. O limite de emissão acessível é 5 vezes superior ao NAE da classe 2 para comprimentos de onda entre 400 nm e 700 nm e 5 vezes superior ao NAE da classe 1 para comprimentos de onda fora desta região.

Classe 3B: os lasers são normalmente perigosos em condições de visualização direta do feixe, mas são normalmente seguros quando se observam reflexos difusos.

Lasers da classe 4: são perigosos tanto em condições de visualização intra-feixe como de reflexão difusa. Podem também provocar lesões na pele e são potencialmente perigosos em termos de incêndio.

1.1.1.5. As classes "M" **

Tal como se refere mais adiante no quadro das classes M, um produto laser é classificado na classe "não-M" quando ambas as condições 1 e 2 são satisfeitas, ou seja, a potência medida é inferior ao AEL (e, por conseguinte, inferior ao MPE para o olho), mesmo quando os requisitos de medição reflectem a possível utilização de instrumentos ópticos. Se um dos valores de potência medidos de acordo com a Condição 1 ou a Condição 2 for superior ao AEL, o produto já não pode pertencer à categoria "não-M", ou seja, não pode pertencer à classe 1 ou à classe 2. Pode, no entanto, pertencer à categoria "classe M" quando a potência ou a energia medida com uma abertura de 7 mm a uma distância de 10 cm da fonte aparente for inferior ao NAE. A condição de medição com uma abertura de 7 mm a uma distância de 10 cm da fonte aparente garante que a exposição a olho nu à radiação de um produto da classe M é inferior ao EMA para o olho, ou seja, desde que não seja utilizado qualquer instrumento ótico, a classe 1M é tão segura como a classe 1 (e a classe 2 tão segura como a classe 2M) [14].

Dado que o EMA pode potencialmente ser ultrapassado de forma considerável para as classes 1M e 2M quando a exposição ocorre com instrumentos ópticos, a potência ou energia máxima recolhida com instrumentosópticos está limitada ao AEL da classe 3B. Consequentemente, em termos da potência de um produto quando medida com uma grande abertura (5 cm a 2 m) ou a curta distância (7 mm a 14 mm), esta potência pode ser maior para um produto laser da classe 1M ou da classe 2M do que a potência permitida para a classe 3R, por exemplo, para um produto laser HeNe (632.8 nm) com um feixe colimado de 10 mW, com um diâmetro de 4 cm (1/e pontos) na abertura de saída e de 5 cm a uma distância de 2 m do laser, a potência medida através de uma pupila de 7 mm será de cerca de 0,3 mW, pelo que o produto será classificado na classe 1M (o AEL para a classe 1M é de 0,39 mW para uma fonte pontual), no entanto, quando medido com uma abertura de 5 cm, todos os 10 mW serão recolhidos e a potência medida excederá o AEL para a classe 3R. O produto deve ser classificado como sendo da classe 1M, uma vez que este é o AEL mais pequeno que não é excedido. A irradiância é, pelo menos, um fator de 3 abaixo do EMA para uma duração de exposição de 0,25 segundos e é também inferior ao EMA para uma duração de exposição superior a 10 segundos.

O conceito aqui delineado facilita uma gestão prática dos riscos e torna mais simples e flexível a definição de restrições à utilização de uma determinada categoria de produtos. Por exemplo, quando a exposição a instrumentos ópticos é improvável, a utilização da Classe 1M e da Classe 2M representará um risco de lesão correspondentemente pequeno. Para a utilização prática da categoria Classe M em termos de controlos e restrições do utilizador, é importante definir qual das duas condições de medição não foi cumprida, ou seja, se o AEL foi excedido para a condição de medição 1, os controlos do utilizador devem ser considerados quando se prevê que possa ocorrer exposição através de telescópios. Em geral, os feixes laser colimados com um grande diâmetro inserem-se nessa categoria e um exemplo poderia ser a utilização de um telémetro num campo de treino militar onde é "razoavelmente previsível" que ocorra exposição com binóculos grandes [15].

A título de comparação, a utilização de um medidor de velocidade laser da Classe 1M para controlo do tráfego, em que a exposição com binóculos é improvável, poderá ser aceitável em termos de risco associado, ou seja, de probabilidade de lesões. Por outro lado, quando um produto é afetado à categoria de Classe M por não ter cumprido a Condição 2, é normalmente seguro ser exposto à radiação do produto através de binóculos ou telescópios, ao passo que uma exposição com uma lupa ou lupa ocular aumentaria o perigo. Um exemplo da categoria geral de produtos que podem falhar a Condição 2 é o LED e várias fontes laser baseadas em fibra ótica.

1.1.2. Comparação de classificações

Os gráficos seguintes foram criados para ilustrar as várias semelhanças e diferenças entre os critérios de classificação das diferentes normas laser [16].

Classe	IEC 60825 (alteração 2)	FDA/CDRH DOS EUA	ANSI-Z136.1 (2000)
Classe 1	Qualquer laser ou sistema laser que contenha um laser que não possa emitir radiação laser a níveis que se saiba causarem lesões oculares ou cutâneas durante o funcionamento normal. Isto não se aplica a períodos de serviço que exijam o acesso a recintos de classe 1 que contenham lasers de classe superior.		
Classe 1M	Não são conhecidos danos oculares ou cutâneos, exceto se forem utilizadas ópticas de recolha.	N/A	N/A
Classe 2a	N/A	Lasers visíveis que não se destinam a ser vistos e que não podem provocar lesões oculares ou cutâneas durante o funcionamento, com base num tempo	N/A

	máximo de exposição de 1000 segundos.
Classe 2	Lasers visíveis considerados incapazes de emitir radiação laser a níveis que se sabe causarem lesões na pele ou nos olhos dentro do período de tempo da resposta humana de aversão aos olhos (0,25 segundos).

Classe			
Classe 2M	Não se sabe se provoca lesões oculares ou cutâneas dentro do tempo de resposta de aversão, a não ser que se utilizem ópticas de recolha.	N/A	N/A
Classe 3a	N/A	Lasers semelhantes aos da classe 2, com a exceção de que a ótica de recolha não pode ser utilizada para visualizar diretamente o feixe Apenas visível	Lasers semelhantes aos da classe 2, com a exceção de que a ótica de recolha não pode ser utilizada para visualizar diretamente o feixe
Classe 3R	Substitui a classe 3a e tem limites diferentes. Até 5 vezes o limite da classe 2 para os visíveis e 5 vezes os limites da classe 1 para alguns invisíveis.	N/A	N/A
Classe 3b	Lasers de potência média (regiões visíveis ou invisíveis) que apresentam um risco potencial para os olhos em condições intra-feixe (diretas) ou especulares (tipo espelho). Os lasers da classe 3b não apresentam um perigo difuso (dispersão) nem um perigo significativo para a pele, exceto no caso dos lasers 3b de maior potência que funcionam em determinadas regiões de comprimento de onda.		
Classe 4	Considera-se que os lasers de alta potência (visíveis ou invisíveis) apresentam um risco agudo potencial para os olhos e a pele, tanto em condições diretas (intra-feixe) como dispersas (difusas). Também têm considerações de perigo potencial de incêndio (ignição) e emissões de subprodutos dos materiais do alvo ou do processo.		

Panorâmica das aulas de segurança laser [17]*

Classe	Tipo de lasers	Significado	Relação com a EMA	Área de risco	AEL típico para lasers CW
Classe 1	Lasers de potência muito baixa	Seguro	Os EMA não são excedidos,	Zona não perigosa (NOHA)	40 µW para azul

	ou lasers encapsulados		mesmo para exposições de longa duração (100 segundos ou 30000 segundos), mesmo com a utilização de instrumentos ópticos		
Classe 1M	Lasers de potência muito baixa; colimados com grande diâmetro de feixe ou altamente divergentes	Seguro a olho nu, potencialmente perigoso quando são utilizados instrumentos ópticos**	Os EMA não são excedidos a olho nu, mesmo para longos períodos de exposição, mas podem ser excedidos com a utilização de instrumentos ópticos**	Nenhuma zona de perigo para a vista desarmada, mas zona de perigo para a utilização de instrumentos ópticos** (NOHA alargada)	Igual à classe 1, distinção com requisitos de medição
Classe 2	Lasers visíveis de baixa potência	Seguro para exposição não intencional, deve ser evitado o olhar prolongado	O reflexo de pestanejo limita a duração da exposição a nominalmente 0,25 segundos. O EMA para 0,25 segundos não é ultrapassado, mesmo com a utilização de instrumentos ópticos.	Não há área de perigo quando se baseia na exposição não intencional (0,25 segundos de duração da exposição)	1 mW
Classe 2M	Lasers visíveis de baixa potência; quer colimados com grande diâmetro de feixe, quer altamente divergentes	Igual à classe 2, mas potencialmente perigosa quando são utilizados instrumentos ópticos**	O EMA durante 0,25 segundos não é excedido a olho nu, mas pode ser excedido com a utilização de instrumentos ópticos**	Não existe área de perigo para a vista desarmada com base numa exposição acidental (0,25 segundos de	Igual à classe 2, distinção com requisitos de medição

				duração da exposição), mas existe uma área de perigo para a utilização de instrumentos ópticos** (NOHA alargada)	
Classe 3R	Lasers de baixa potência	Seguro quando manuseado com cuidado. Apenas um pequeno potencial de perigo em caso de exposição acidental	O EMA a olho nu e com instrumentos ópticos pode ser excedido até 5 vezes	5 vezes o limite da classe 1 no UV e no IV e 5 vezes o limite da classe 2 no visível, ou seja, 5 mW	5 vezes o limite da classe 1 no UV e no IV e 5 vezes o limite da classe 2 no visível, ou seja, 5 mW
Classe 3B	Lasers de média potência	Perigoso quando os olhos estão expostos. Usar proteção ocular de acordo com a NOHA. Normalmente não há perigo para a pele. Os reflexos difusos são normalmente seguros	O EMA ocular a olho nu e com instrumentos ópticos pode ser excedido mais de 5 vezes. O EMA cutâneo geralmente não é excedido.	Zona de perigo para os olhos (NOHA), sem zona de perigo para a pele	500 mW
Classe 4	Lasers de alta potência	Perigoso para os olhos e para a pele; a reflexão difusa também pode ser perigosa. Proteger os olhos e a pele. Perigo de incêndio.	O EMA ocular e cutâneo foi excedido, as reflexões difusas excedem o EMA ocular	Área de risco para os olhos e a pele, área de risco para reflexos difusos	Sem limite

**Nota para os instrumentos ópticos: são tidas em conta duas classes de instrumentos ópticos: os que aumentam o risco de feixes bem colimados de grande diâmetro, ou seja, telescópios e binóculos, e os que aumentam o risco de feixes altamente divergentes (como os provenientes de fibras ou LED), ou seja, lupas e lupas oculares. Geralmente, apenas um dos grupos de instrumentos ópticos para um determinado produto laser conduz a um aumento do perigo. Por conseguinte, se o fabricante assim o entender, pode ser acrescentada uma redação específica à etiqueta de aviso. Ver as secções sobre instrumentos ópticos e etiquetas de aviso abaixo.

1.1.3. Gráfico Cortesia de David Sliney

Nota: O quadro acima apresenta o esquema e o conceito de classificação da nova edição (2001) da norma IEC 60825-1 e compara-o com o esquema anterior em termos de valores AEL e definição das classes. No entanto, para além de algumas alterações nas definições das classes e no esquema de classificação, também os requisitos de medição para avaliar a classe, ou seja, o diâmetro e a distância da abertura, são ligeiramente diferentes na nova edição em comparação com a versão anterior. Por conseguinte, se no quadro acima se indicar "inalterado", isso significa que o conceito, a definição e o AEL da classe se mantêm inalterados, mas não significa que um produto laser específico, que foi classificado, por exemplo, como Classe 4 porque a emissão, medida de acordo com os requisitos anteriores, era ligeiramente superior ao AEL para a Classe 3B, possa não ser classificado como Classe 3B de acordo com os requisitos de medição da nova edição da norma [18].

Resumo do conceito de subclasses "M"

	Base de tempo	Classe	Classe -M	
AEL para a classe 1, 1M	100 segundos ou 30000 segundos	Geralmente seguro, mesmo em caso de exposição intencional, a olho nu e com instrumentos ópticos	Seguro mesmo para exposição intencional a olho nu, potencialmente perigoso para exposição com instrumentos ópticos da categoria 1 ou 2	
AEL para a classe 2, 2M	0,25 segundos	Seguro para exposição acidental, a olho nu e com instrumentos ópticos	Seguro para exposição acidental, potencialmente perigoso para exposição com instrumentos ópticos da categoria 1 ou 2	
Condições		Condição 1	Condição 2	
de medição* (potência medida < AEL)	Para ter em conta a eventual utilização de	Binóculos, telescópios	Lupas oculares, lupas	Olho sem ajuda

Condição geralmente limitante para	Feixes bem colimados de grande diâmetro	Feixes divergentes	-
Diâmetro da abertura	50 mm	7 mm	7 mm
Distância	2 m	14 mm	10 cm

b* apresentação simplificada, estritamente aplicável apenas a fontes pontuais e a comprimentos de onda na região de risco para a retina. A distância de medição de 2 m é medida a partir do produto físico, enquanto as distâncias de 14 mm e 10 cm são medidas a partir da posição da fonte aparente. Para outros comprimentos de onda e fontes alargadas, os requisitos de medição são diferentes e não são aqui discutidos.

1.2. Materiais de estudo

LASER é uma abreviatura de Light Amplification by Stimulated Emission of Radiation (Amplificação da luz por emissão estimulada de radiação). Os lasers são feixes de luz tão poderosos que podem viajar quilómetros para o céu e também podem cortar as superfícies dos metais. Theodore H Maiman, dos Hughes Research Laboratories, foi a primeira pessoa a construir um laser prático em 1960. Atualmente, os lasers têm aplicações em vários domínios e existem diferentes tipos de lasers com inúmeras aplicações [19, 20].

1.2.1. Lista de tipos de laser

Os lasers são classificados em 6 tipos, com base no tipo de meio utilizado, e são eles:

- Lasers de estado sólido
- Lasers de gás
- Lasers líquidos
- Lasers de semicondutores
- Lasers químicos
- Lasers de vapor metálico

1.2.1.1. Lasers de estado sólido

O laser de estado sólido é um tipo de laser em que o meio utilizado é sólido. O material sólido utilizado nestes lasers é o vidro ou materiais cristalinos.

1.2.1.1.1. Funcionamento do laser de estado sólido

O vidro ou os materiais cristalinos utilizados num laser de estado sólido são utilizados como impurezas sob a forma de iões juntamente com o material hospedeiro. Dopagem é o termo utilizado para descrever o processo de adição de impurezas a uma substância.

Os dopantes utilizados neste tipo de laser são o térbio (Tb), o érbio (Eu) e o cério (Ce), que são elementos de terras raras. Os materiais hospedeiros são o vidro dopado com itérbio, a granada de ítrio-alumínio dopada com neodímio, o vidro dopado com neodímio e a safira. O material hospedeiro mais comummente utilizado é a granada de ítrio e alumínio dopada com neodímio.

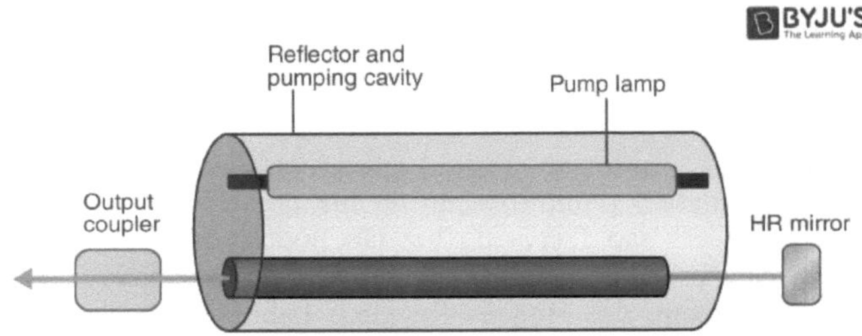

1.2.1.1.2. Aplicação do laser de estado sólido

- A perfuração de furos nos metais torna-se fácil com estes lasers.
- Os lasers de estado sólido do tipo push são utilizados para fins médicos, como a endoscopia.
- Encontram aplicação no sector militar e são utilizados no sistema de destino dos alvos.

1.2.1.1.3. Vantagens dos lasers de estado sólido

- Estes lasers têm moldes económicos.
- A construção de um laser de estado sólido é simples.
- A saída pode ser contínua ou pulsada.
- A probabilidade de o material do meio ativo ser desperdiçado é muito reduzida ou nula.
- A eficiência destes lasers é elevada.

1.2.1.1.4. Desvantagens dos lasers de estado sólido

- A potência dos lasers de estado sólido não é elevada.

- A divergência deste laser não é constante e varia entre 1 mili-radiano e 20 mili-radianos.
- Há uma perda de potência no laser devido ao aquecimento da haste.

1.2.1.2. Lasers de gás

Os lasers de gás têm um meio ativo constituído por um ou mais gases ou vapores. Estes lasers são classificados como [21]:

- Lasers de gás atómico, que são lasers de He-Ne
- Lasers de gás molecular, ou seja, laser de CO_2
- Lasers de iões de gás que são lasers de árgon

1.2.1.3. Lasers líquidos

Os lasers de líquido são também conhecidos como lasers de corante. Trata-se de um tipo de laser em que os líquidos são utilizados como meio ativo. O material ativo utilizado no laser líquido é conhecido como um corante e os corantes normalmente utilizados são a fluoresceína de sódio, a rodamina B e a rodamina 6G.

1.2.1.3.1. Funcionamento do laser líquido

O meio ativo neste tipo de laser é o corante orgânico e o solvente utilizado para dissolver o corante é a água, o álcool ou o etilenoglicol. O corante é bombeado para o tubo capilar a partir do tanque de armazenamento. Este corante sai dos tubos com uma lâmpada de flash. O feixe de saída passa então através de uma janela Brewster para o acoplador de saída que é um espelho refletor a 50%. O comprimento de onda de saída pode variar numa vasta gama e a saída máxima possível é de 618 nm [22].

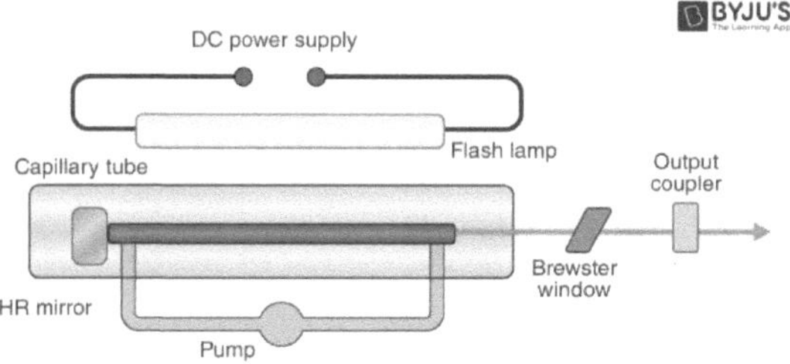

1.2.1.3.2. Aplicação do laser líquido

- Estes lasers são normalmente utilizados para fins médicos como instrumento de investigação [23].

1.2.1.3.3. Vantagens dos lasers líquidos

- A eficiência é superior em 25%.
- Os comprimentos de onda produzidos podem ser de várias gamas.
- O diâmetro do feixe é menor.
- A divergência do feixe varia entre 0,8 mili-radianos e 2 mili-radianos, o que é comparativamente menor do que outros lasers.

1.2.1.3.4. Desvantagens dos lasers líquidos

- Estes lasers são caros.
- A sintonização de um laser para uma frequência requer a utilização de um filtro, o que o torna mais caro do que outros tipos de laser.
- É difícil determinar qual é o elemento responsável pelas lases.

1.2.1.4. Lasers de semicondutores

Também conhecidos como lasers de díodos, estes são de longe os lasers mais baratos e mais utilizados no mundo. O primeiro laser de díodo foi inventado em 1962 no Centro de Investigação e Desenvolvimento da General Electric, em Niskayuna, Nova Iorque - a poucos quilómetros do campus do Union College. Mas foi só no início dos anos 80, com o desenvolvimento de técnicas inovadoras de fabrico de chips semicondutores, que a sua produção em massa chegou ao mercado de consumo. À semelhança dos seus primos LED, estes dispositivos semicondutores geram luz a partir da energia extraída quando os pares de electrões e buracos se recombinam. Além disso, tal como no caso dos LED, os pares de electrões e buracos nos lasers semicondutores são produzidos pelo fluxo de corrente eléctrica na junção - a chamada corrente de injeção. A principal diferença entre estes lasers e os fotodíodos é que, com correntes de injeção elevadas, as densidades dos pares eletrão-buraco aumentam para produzir a inversão da população, o que leva à produção de lasing. Estes lasers comportam-se, de facto, de forma muito semelhante aos LEDs até que a corrente de injeção crítica, designada por corrente de limiar, seja atingida [24].

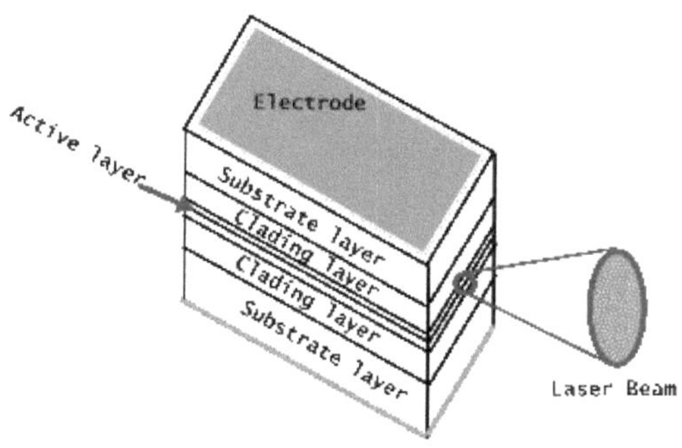

Um laser de semicondutores típico, mostrado acima, tem cerca de algumas centenas de microns de dimensão, muito mais pequeno do que um grão de sal de mesa (lembre-se que um cabelo humano tem cerca de 100 microns de espessura). Por conseguinte (recorde-se que a difração de uma abertura de saída muito pequena conduz a uma grande dispersão angular do feixe), a sua luz laser é muito divergente e requer a utilização de uma lente para a colimar. Os lasers de díodo mais utilizados são constituídos por várias camadas diferentes de semicondutores compostos, frequentemente GaAlAs. Tanto a dopagem como a espessura destas camadas são utilizadas para controlar o confinamento da luz laser na região de laser ativa. Em algumas aplicações, são depositados revestimentos reflectores nas faces anterior e posterior para aumentar a eficiência da amplificação ótica, actuando como espelhos. Mas, na maioria dos casos, a simples clivagem das facetas de saída conduz a uma amplificação suficiente da luz para a ação de laser. Um dos inconvenientes da pequena dimensão do laser de díodo é o facto de ter um comprimento de coerência curto. Este facto limita a sua utilização em aplicações que requerem grandes comprimentos de coerência, como a interferometria e a holo-grafia. Mas a portabilidade do seu tamanho torna-o muito mais útil em muitas outras aplicações. Abaixo estão duas fotografias de módulos de laser de díodo típicos, mostrados em comparação com uma caneta de escrita típica ou com uma moeda. Repare-se que a "lata" de acondicionamento do laser tem uma janela de vidro para proteger o frágil laser de díodo alojado no seu interior. Esta embalagem também inclui um detetor de fotodíodos de diagnóstico que mede a luz laser de saída que sai da face posterior do chip laser.

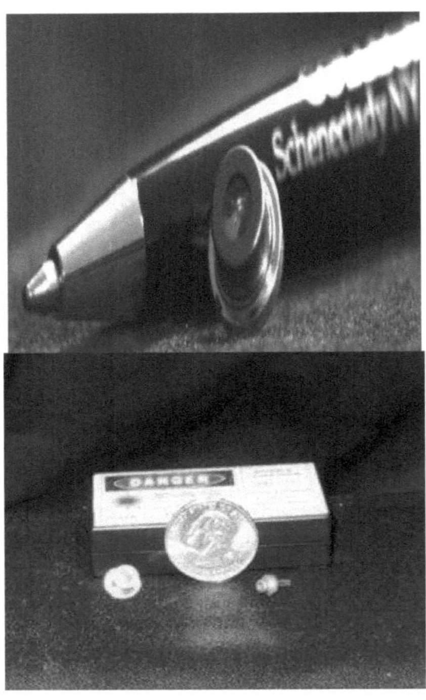

Os lasers de díodo funcionam em vários modos. O seu comprimento de onda depende principalmente da dimensão do intervalo de banda do semicondutor. Mas a conceção das camadas semicondutoras, bem como a realimentação ativa do laser, podem gerar larguras de banda de algumas centenas de kHz. Uma vez que a alteração da temperatura do díodo expande ou contrai o cristal e, deste modo, altera as dimensões da cavidade ótica do laser, o comprimento de onda do laser pode ser alterado quer ajustando a corrente de injeção quer alterando diretamente a temperatura do díodo com outro dispositivo. A capacidade de sintonização do comprimento de onda de um laser de díodo típico é de cerca de alguns nm numa gama de temperaturas de cerca de 10° C. Foram fabricados lasers de díodo à temperatura ambiente com comprimentos de onda de alguns microns no infravermelho até ao verde no visível. Os investigadores estão atualmente a produzir lasers de díodos azuis, mas estes ainda não são produzidos em massa [25].

Estes lasers têm uma eficiência muito elevada e são fabricados para produzir luz laser de alguns mW a vários décimos de Watt. Podem ser fabricados para funcionar tanto em modo cw como em modo pulsado. Devido ao seu tamanho compacto, podem ser fabricados conjuntos de díodos laser em pastilhas individuais, que podem gerar potências de saída na ordem dos watts. Mas a única propriedade que torna estes lasers extremamente úteis é o facto de a sua luz de saída poder ser modulada a taxas muito rápidas. Devido a este facto, e à luz de largura de banda muito estreita que podem produzir, os lasers de díodos ultrapassaram todos os outros lasers utilizados no sector das comunicações.

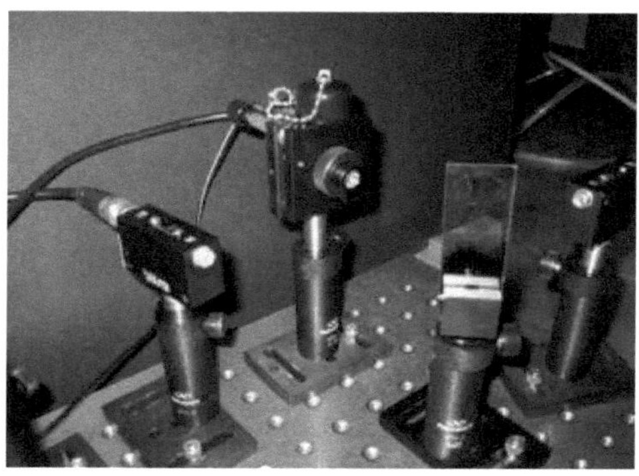

Medição da velocidade da luz utilizando um laser de díodo pulsado a GHz (centro) com o seu feixe dividido pela lâmina de vidro para entrar diretamente no detetor de fotodíodos rápidos à direita ou para percorrer vários metros de distância antes de ser orientado para entrar no segundo detetor de fotodíodos à esquerda. Medindo o percurso total percorrido e o tempo entre a chegada dos dois impulsos, a velocidade da luz pode ser medida numa mesa com uma precisão superior a 1%.

1.2.1.5. Lasers de estado sólido

O primeiro laser alguma vez fabricado, o laser de rubi, era um laser de estado sólido. Neste laser, a laserização é o resultado de transições atómicas de um átomo de impureza num hospedeiro cristalino. Apesar de os níveis atómicos das espécies de laser serem frequentemente modificados devido ao cristal hospedeiro, o processo de laser é atómico e muito diferente do dos lasers de semicondutores. Todos os lasers de estado sólido são bombeados opticamente. Assim, nestes lasers, o hospedeiro deve ser transparente à radiação de bombagem. (Porquê?) Além disso, o hospedeiro tem de ser um bom condutor de calor para que possa dissipar eficazmente a energia residual que não é utilizada para a produção de laser. De seguida, analisaremos dois dos lasers de estado sólido mais utilizados: os lasers de rubi e de YAG [26].

O rubi é um cristal de óxido de alumínio ($Al2O3$), chamado safira, ao qual foi adicionada uma pequena quantidade de óxido de crómio ($Cr2O3$). A safira é incolor e transparente, mas o cristal dopado com crómio é vermelho-rosado porque absorve fortemente tanto o verde como o azul. Quando este cristal é excitado através da absorção de luz azul e/ou verde, provoca rapidamente a excitação de um estado de energia metaestável do ião crómio (Cr+++). Após um tempo de vida típico de alguns milissegundos, este estado desexcita-se para o estado fundamental com a emissão de um fotão de 694,3 nm, que é visivelmente vermelho. Assim, o papel principal do cristal de óxido de alumínio, para além de alojar o ião de crómio, é absorver a energia da bomba e excitar o ião através de colisões [27].

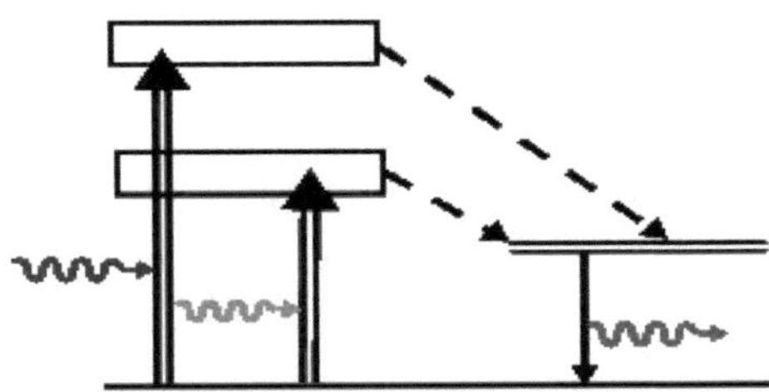

O diagrama simplificado de níveis de energia acima mostra os dois níveis largos bombeados opticamente que decaem rapidamente para os níveis metaestáveis superiores de lasing através de transições não radiativas (mostradas com setas tracejadas). A energia destas transições não radiativas é perdida para o cristal sob a forma de calor. Finalmente, o ião de crómio volta ao seu estado fundamental, emitindo o fotão de 694,3 nm do laser. Note-se que o Ruby é um] e, como tal, requer uma grande quantidade de energia de bombagem para conseguir uma inversão de população. Não pode produzir um feixe CW, mas produz uma série de impulsos laser brilhantes.

Para conseguir a inversão de população, utiliza-se um forte impulso de luz de banda larga para excitar a maioria dos iões de crómio para o seu estado excitado. Isto é normalmente conseguido com a utilização de uma lâmpada de flash helicoidal que envolve um cristal de rubi cilíndrico. As duas extremidades deste cilindro são revestidas (utilizando técnicas de evaporação) para refletir a luz vermelha de 694,3 nm. Como o comprimento de onda de saída do laser de rubi é de banda estreita e o impulso de luz pode ser forte, este laser é um dos mais preferidos para holografia. O diagrama seguinte mostra um bastão de rubi rodeado por um tubo de flash helicoidal. As extremidades cilíndricas são revestidas para refletividade no vermelho, formando a cavidade ótica do laser.

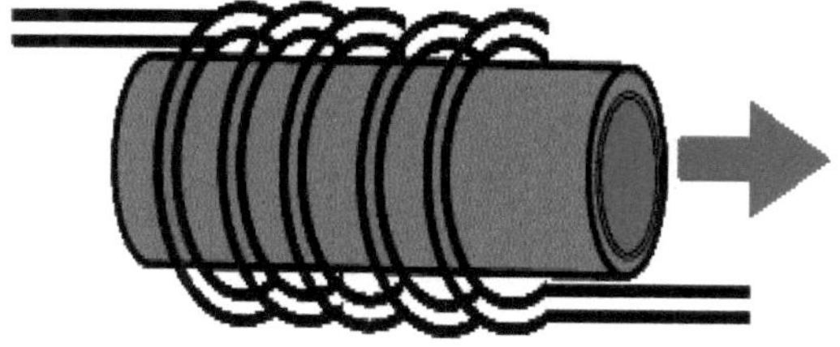

As varas de rubi típicas têm um comprimento de cerca de 10 cm a 1/4 m e um diâmetro de alguns a cerca de 25 mm. Os lasers de rubi padrão produzem impulsos de duração de alguns ms que variam em energia de 10 a 100 J. Mas como as varas de rubi se degradam rapidamente devido ao aquecimento excessivo, estes lasers são frequentemente operados a taxas de repetição bastante lentas (rep-rate) de alguns impulsos por segundo (alguns Hz).

As aplicações que requerem um grande número de fotões num curto período de tempo beneficiam de impulsos laser de curta duração, mas com um pico elevado. O gráfico seguinte mostra dois impulsos de luz que transportam o mesmo número de fotões (áreas iguais sob os seus gráficos), mas têm alturas de pico muito diferentes.

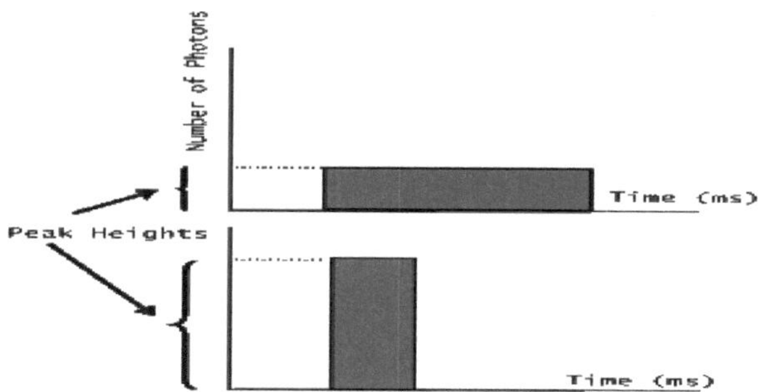

O que tem o pico mais alto tem a duração mais curta. (Note-se que, para simplificar, estes impulsos são representados como tendo uma forma retangular, sugerindo que a lasing se liga e desliga em instantes precisos. Na realidade, porém, os impulsos laser assemelham-se mais a colinas: aumentam gradualmente, atingem um pico e depois diminuem gradualmente antes de se desligarem completamente). Uma vez que a energia de cada fotão é fixa, dependendo do valor do seu comprimento de onda (ou da sua frequência), ambos os impulsos transportam a mesma quantidade de energia.

Por exemplo, se nos disserem que os impulsos acima têm N fotões emitidos por um laser de rubi, podemos calcular facilmente as energias dos impulsos:

energia do impulso = (número de fotões no impulso) x (energia de um único fotão)

ou seja

energia do impulso=Nx (hn)=Nx (hc /l)=Nx{(6,63 x 10-34)(3,00x108)/(694,3x10-9)}

ou seja

energia do impulso = N x (2,87 x 10-19) Joules.

Em alternativa, se nos dissessem que cada um dos impulsos do laser de rubi acima é um impulso de 10 J, poderíamos facilmente calcular o número de fotões em cada impulso:

número de fotões = N = (energia do impulso) / (energia de um único fotão)

ou,

N = (10) / (2,87 x 10-19) = 3,5 x 1019.

Os dispositivos que medem as energias da luz laser não contam o número de fotões. Em vez disso, medem a energia que os fotões produzem no dispositivo. (Por exemplo, os fotodíodos, que funcionam como células solares, absorvem a energia dos fotões e criam pares eletrão-buraco, que produzem uma tensão através da junção p-n. Esta tensão é proporcional à energia absorvida e é indicada pelo dispositivo, indicando a energia absorvida. Esta tensão é proporcional à energia absorvida e é apresentada pelo dispositivo indicando a energia do impulso). Os gráficos seguintes são representações mais realistas das medições de energia de impulso:

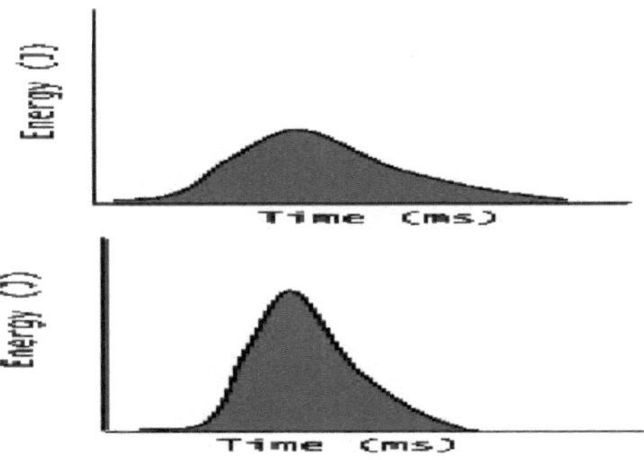

Mais uma vez, vemos aqui dois gráficos com áreas aproximadamente iguais e, por conseguinte, com energias de impulso iguais. O impulso superior cria "menos energia durante mais tempo", enquanto o inferior cria "mais energia durante menos tempo". Uma vez que a potência é definida como:

potência = (energia) / (tempo) (com unidades de 1 Watt = 1 Joule / 1 segundo)

Então o impulso mostrado no gráfico inferior tem muito mais potência do que o superior. (Porquê?) A isto chama-se potência do impulso, ou potência de pico. Para comparação com um laser cw, é conveniente calcular a média da energia do impulso não só durante a sua duração, mas também durante o tempo em que o laser está ligado mas não emite luz. Para tal, basta dividir a energia total do impulso pelo intervalo de tempo desde o início de um impulso até ao início do impulso seguinte, ou seja, o "tempo de impulso a impulso":

potência média = (energia do impulso) / (tempo de impulso a impulso)

Nos lasers pulsados existem várias formas de atingir uma grande potência de pico. Uma delas é chamada Q-switching, que se refere a um aumento da eficiência da cavidade ótica. O Q de um amplificador é apenas uma medida da sua eficiência. Diz-se que um amplificador que utiliza pouca energia para a sua amplificação tem um Q grande. Nos lasers pulsados, um método para aumentar a eficiência é simplesmente aumentar a potência de pico. Isto pode acontecer quando, em vez de produzir um impulso longo, se faz com que o laser produza um impulso mais curto com maior energia de pico. Um método para o fazer é, em vez de provocar emissão estimulada, deixar o meio acumular cada vez mais uma inversão de população no seu estado metaestável. Isto pode ser feito muito facilmente "bloqueando" um dos espelhos reflectores da cavidade ótica durante um tempo suficiente para que o número máximo de átomos esteja no nível superior do laser. Em seguida, para fazer com que todos os átomos no nível superior de laser sofram emissão estimulada "de uma só vez", um "desbloqueio" muito rápido do espelho reflector faz com que muitos átomos sofram emissão estimulada simultaneamente; por conseguinte, o impulso laser resultante tem uma elevada potência de pico. Desta forma, os lasers Q-switched podem produzir potências de pico muito elevadas, na ordem das centenas de megawatts!

O laser de semicondutores é um tipo de laser de aspeto e tamanho reduzidos. O funcionamento deste laser é semelhante ao do LED, mas as caraterísticas do feixe de saída são as da luz laser. O fabrico do semicondutor utilizado no díodo semicondutor é feito de forma única.

1.2.1.5.1. Funcionamento do laser de semicondutores

O material ativo utilizado num laser de semicondutores é o arsenieto de gálio, pelo que o laser é também conhecido como laser de arsenieto de gálio [28].

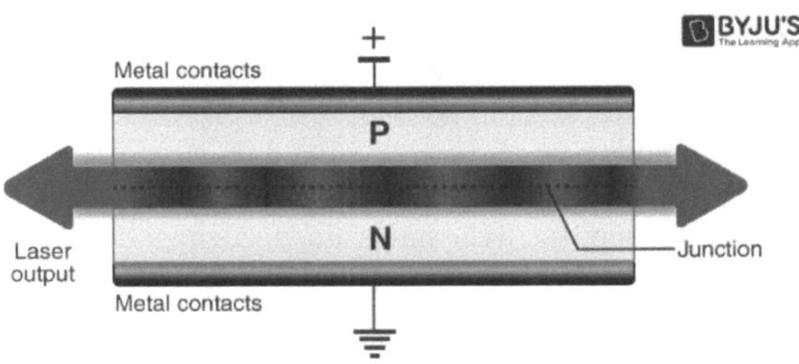

1.2.1.5.2. Aplicação de lasers de semicondutores

- Este laser é naturalmente um transmissor de dados digitais, uma vez que o laser pode ser pulsado a diferentes velocidades e larguras de pulso [29].
- Estes lasers encontram aplicações na comunicação por cabo ótico.

1.2.1.5.3. Vantagens dos lasers de semicondutores

- Encontram muitas aplicações devido ao seu pequeno tamanho e aparência.
- Estes lasers são económicos.
- Não há necessidade de espelhos.
- O consumo de energia é baixo.

1.2.1.5.4. Desvantagens dos lasers de semicondutores

- A divergência do feixe é superior a 125 a 400 mili-radianos, o que é superior a outros tipos de laser.
- O feixe de saída tem uma forma invulgar, uma vez que o meio utilizado é curto e retangular.
- O funcionamento deste tipo de laser depende da temperatura.

1.2.1.6. Lasers YAG

O ítrio-alumínio-guarnição (Y3Al5O12), YAG, é um cristal claro e transparente que é mais frequentemente utilizado como cristal hospedeiro para átomos de impureza de neodímio em lasers Nd:YAG. Embora a transição para o laser ocorra nos iões Nd, estes lasers são frequentemente designados por lasers YAG. Normalmente, 1 a 2% do Y é substituído por Nd nestes lasers. À semelhança do laser de rubi, também aqui o cristal não só aloja o átomo, como também as suas bandas de absorção largas (na presença da impureza Nd) absorvem eficazmente a radiação ótica - principalmente em torno dos 700 nm e 800 nm. Esta energia é então transferida para os iões de impureza através de processos não radiativos.

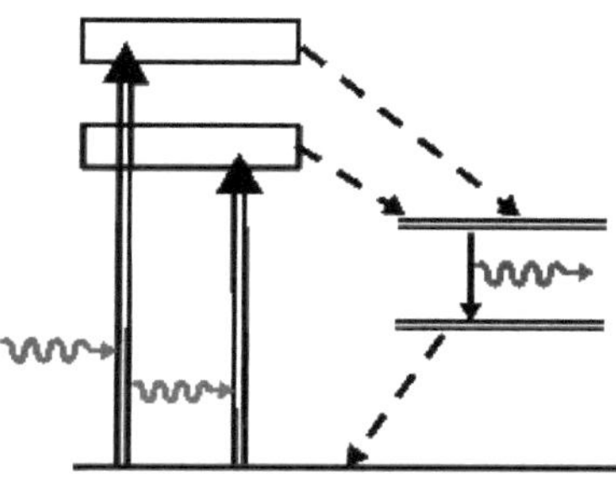

À semelhança do diagrama de níveis do laser de rubi, o diagrama acima é uma representação simplificada das transições do ião neodímio, Nd+++, que ocorrem no laser YAG. Mais uma vez, as setas a tracejado indicam transições não radiativas, em que a energia perdida é transferida como calor para o cristal. Mas, ao contrário do laser de rubi, o Nd: YAG é um laser de quatro níveis e tem transições de lasing muito mais eficientes do que o laser de rubi. Devido a esta eficiência na inversão da população, pode ser bombeado para produzir uma grande variedade de energias de saída do laser e pode ser operado nos modos cw e pulsado. O fóton de lasing tem um comprimento de onda de 1064 nm, bem na faixa do infravermelho.

Outro hospedeiro utilizado para o Nd é o vidro simples, mas as suas propriedades ópticas e térmicas não são tão desejáveis como as do YAG. A desvantagem é que o crescimento de grandes cristais de YAG não é fácil. Uma haste de YAG típica, que é perfurada a partir de um bloco de cristal, tem um diâmetro inferior a 1 cm e um comprimento de alguns a 10 cm. Ainda assim, estes lasers podem produzir potências de saída elevadas utilizando várias varetas em tandem. Os lasers YAG pulsados podem produzir potências de pico elevadas através de Q-switching e/ou da utilização de várias varetas como amplificadores. Quando utilizadas como amplificadores, as varetas não são revestidas para refletividade para produzir amplificação ótica na vareta. Em vez disso, a saída da primeira vareta (o oscilador) é utilizada como um Q-switch para gerar emissão estimulada na vareta seguinte (o amplificador), e assim sucessivamente.

No modo cw, os lasers YAG são bombeados por uma lâmpada de arco ou por um laser semicondutor. O bombeamento com um laser de díodo é mais eficiente porque o comprimento de onda do díodo pode ser escolhido de forma a corresponder à absorção do YAG. As lâmpadas de flash são frequentemente utilizadas para o funcionamento por impulsos destes lasers. Neste modo de Q-switching, o laser pode produzir impulsos ns com potências de pico relativamente elevadas. Mas, para atingir potências muito elevadas, como a gerada pelo laser NOVA, são necessárias muitas amplificações de varetas.

Os lasers YAG são extremamente versáteis. São utilizados em aplicações que vão desde a soldadura e perfuração até à localização de distâncias. Dado que o seu comprimento de onda de saída não é visível, os lasers YAG são utilizados em muitas aplicações que requerem sigilo, desde aplicações militares a aplicações de segurança. Atualmente, é possível converter a radiação infravermelha na gama visível utilizando os chamados cristais não lineares (também conhecidos como geradores de segunda harmónica). Quando fotões de alta densidade incidem num cristal deste tipo, as propriedades não lineares do seu índice de refração fazem com que o cristal absorva dois fotões de comprimento de onda longo e gere, em seu lugar, um fotão com o dobro da sua energia e, portanto, metade do seu comprimento de onda. Utilizando estes cristais, o comprimento de onda do laser YAG pode ser encurtado para 532 nm (1064 nm/2), que é visto pelo olho como luz verde. Os actuais ponteiros laser de cor verde são lasers YAG bombeados por díodo com cristais de duplicação.

Embora possamos alterar o comprimento de onda do laser YAG do infravermelho para o verde (e ainda mais para o UV, através de outra geração de segundo harmónico), não se trata de uma sintonização contínua. Outros lasers de estado sólido interessantes, designados por lasers vibrónicos, utilizam bandas efectivas como nível inferior de laser. Desta forma, estes lasers podem produzir uma saída sintonizável, ou seja, com um comprimento de onda continuamente variável. O laser deste tipo mais utilizado é o laser de Ti: safira, que é um cristal de óxido de alumínio, o mesmo que o hospedeiro do rubi, mas dopado com titânio em vez de átomos de crómio.

1.3.   Referências

[1].   Heilbron, John L. (27 de março de 2003).
The Oxford Companion to the History of Modern Science.
Oxford Univ. Press. pp. 447. ISBN 978-0-19-974376-6.

[2].   Bertolotti, Mario (1 de outubro de 2004). A História do Laser. CRC Press.
        pp. 215, 218-219. ISBN 978-1-4200-3340-3.
[3].   McAulay, Alastair D. (31 de maio de 2011). Tecnologia laser militar para
        Defesa: Tecnologia para revolucionar a guerra do século XXI.
        John Wiley & Sons. p. 127. ISBN 978-0-470-25560-5.
[4].   Renk, Karl F. (9 de fevereiro de 2012). Noções básicas de física do laser: Para estudantes de
        Ciência e Engenharia. Springer Science & Business Media.
        p. 4. ISBN 978-3-642-23565-8.
[5].   "LASE". Dicionário Collins. Recuperado em 6 de janeiro de 2024.
[6].   "LASING". Dicionário Collins. Recuperado em 6 de janeiro de 2024.
[7].   Strelnitski, Vladimir (1997). "Masers, Lasers e o Meio Interestelar".
        Astrofísica e Ciências do Espaço. 252: 279-287.
[8].   Chu, Steven; Townes, Charles (2003). "Arthur Schawlow". Em Edward P.
        Lazear (ed.). Biographical Memoirs. Vol. 83. Academia Nacional de Ciências. p. 202.
[9].   Al-Amri, Mohammad D.; El-Gomati, Mohamed; Zubairy, M. Suhail (12 de dezembro de 2016). Ótica no nosso tempo. Springer. p. 76.
[10].   Hecht, Jeff (27 de dezembro de 2018). Entendendo os lasers: Um nível de entrada
        Guia. John Wiley & Sons. p. 201. ISBN 978-1-119-31064-8.
[11].   Física concetual, Paul Hewitt, 2002
[12].   Siegman, Anthony E. (1986). Lasers. University Science Books.
        p. 2. ISBN 978-0-935702-11-8.
[13].   Pearsall 2020, p. 276=285.
[14].   Pearsall, Thomas (2010). Photonics Essentials, 2ª edição. McGraw-Hill. ISBN 978-0-07-162935-5. Arquivo em 17 de agosto de 2021. Recuperado em 23 de fevereiro de 2021.
[15].   Siegman, Anthony E. (1986). Lasers. University Science Books.
        p. 4. ISBN 978-0-935702-11-8.
[16].   Walker, Jearl (junho de 1974). "Laser de nitrogénio". Light and Its Uses. W. H.
        Freeman. pp. 40-43. ISBN 978-0-7167-1185-8.
[17].   Pollnau, M. (2018). "Aspeto de fase na emissão e absorção de fótons".
        Optica. 5 (4): 465-474. Arquivado em 8 de fevereiro de 2023. Recuperado em junho
        28, 2020.
[18].   Pollnau, M.; Eichhorn, M. (2020). Progresso em Eletrônica Quântica. 72:
        100255.
[19].   Glauber, R.J. (1963).
        "Estados coerentes e incoerentes do campo de radiação" (PDF). Phys.

Rev. 131 (6): 2766-2788. Recuperado em 23 de fevereiro de 2021.
[20]. Pearsall 2020, p. 276.
[21]. Karman, G.P.; et al. (novembro de 1999).
"Ótica laser: Modos fractais em ressonadores instáveis". Nature. 402 (6758):
138.
[22]. Einstein, A (1917). "Zur Quantentheorie der Strahlung". Physikalische
Zeitschrift. 18: 121-128. Bibcode:1917PhyZ...18..121E.
[23]. Steen, W.M. "Laser Materials Processing", 2nd Ed. 1998.
[24]. Batani, Dimitri (2004).
O risco do laser: o que é e como é enfrentado não muito longe de nós].
wwwold.unimib.it. Programa do Curso de Formação de Obstetrizes.
Universidade de Milão-Bicocca. p. 12. Arquivado em 14 de junho de
2007.
Obtido em 1 de janeiro de 2007.
[25]. O Prémio Nobel da Física 1966 Arquivado em 4 de junho de 2011,
at the Wayback Machine Discurso de apresentação do Professor Ivar
Waller.
Obtido em 1 de janeiro de 2007.
[26]. "Entrevista de história oral do Instituto Americano de Física com
Joseph Weber".
4 de maio de 2015. Arquivado em 8 de março de 2016. Recuperado
em 16 de março de 2016.
[27]. Bertolotti, Mario (2015).
Masers e Lasers: An Historical Approach (2ª ed.). CRC Press. pp. 89
91. ISBN 978-1-4822-1780-3. Recuperado em 15 de março de 2016.
[28]. "Guia de Lasers". Hobarts. Arquivado do original em 24 de abril de
2019. Recuperado em 24 de abril de 2017.
[29]. Townes, Charles H. (1999).
Como o Laser Aconteceu: Aventuras de um Cientista,
Oxford University Press, ISBN 978-0-19-512268-8, pp. 69-70.

Capítulo 2

Feixe de laser

2.1. Prefácio

Feixe de laser redirecciona para aqui, e não deve ser confundido com LazarBeam ou Lazer Beam. Um laser é um dispositivo que emite luz através de um processo de amplificação ótica baseado na emissão estimulada de radiação electromagnética. A palavra laser é um anacrónimo que teve origem como acrónimo de amplificação da luz por emissão estimulada de radiação [1, 2]. O primeiro laser foi construído em 1960 por Theodore Maiman nos Hughes Research Laboratories, com base num trabalho teórico de Charles H. Townes e Arthur Leonard Schawlow [3].

Um telescópio do sistema Very Large Telescope produzindo quatro estrelas-guia laser cor de laranja.

Um laser difere de outras fontes de luz pelo facto de emitir luz que é coerente. A coerência espacial permite que um laser seja focado num ponto apertado, possibilitando aplicações como o corte a laser e a litografia. Permite também que um feixe laser se mantenha estreito a grandes distâncias (colimação), uma caraterística utilizada em aplicações como os ponteiros laser e o lidar (light detection and ranging). Os lasers podem também ter uma coerência temporal elevada, o que lhes permite emitir luz com um espetro de frequência muito estreito. Em alternativa, a coerência temporal pode ser utilizada para produzir impulsos ultra-curtos de luz com um espetro alargado, mas com durações tão curtas como um femto-segundo.

Os lasers são utilizados em unidades de disco ótico, impressoras laser, leitores de códigos de barras, instrumentos de sequenciação de ADN, comunicações ópticas por fibra ótica e no espaço livre, fabrico de pastilhas semicondutoras (fotolitografia), cirurgia laser e tratamentos da pele, materiais de corte e soldadura, dispositivos militares e policiais para marcar alvos e medir o alcance e a velocidade, e em ecrãs de iluminação laser para entretenimento. Os lasers de semicondutores na gama do azul ao UV próximo têm também sido utilizados em vez de díodos emissores de luz (LED) para excitar a fluorescência como fonte de luz branca; isto permite uma área de emissão muito mais pequena devido à radiância muito maior de um laser e evita a queda de luminosidade sofrida pelos LED; estes dispositivos são já utilizados em alguns faróis de automóveis [4-7].

2.2. Terminologia

O primeiro dispositivo que utilizava a amplificação por emissão estimulada funcionava a frequências de micro-ondas e foi designado por maser, que significa "amplificação de micro-ondas por emissão estimulada de radiação" [8]. Quando foram desenvolvidos dispositivos ópticos semelhantes, estes começaram por ser conhecidos como masers ópticos, até que o termo "micro-ondas" foi substituído por "luz" no acrónimo, passando a designar-se por laser [9].

Atualmente, todos os dispositivos deste tipo que funcionam a frequências superiores às micro-ondas (aproximadamente acima de 300 GHz) são designados por lasers (por exemplo, lasers de infravermelhos, lasers de ultravioletas, lasers de raios X, lasers de raios gama), enquanto os dispositivos que funcionam a micro-ondas ou a frequências de rádio inferiores são designados por masers [10, 11].

O verbo "to lase" é frequentemente utilizado neste domínio, significando "emitir luz coerente", especialmente no que se refere ao meio de ganho de um laser [12]; quando um laser está a funcionar, diz-se que está a "lasear" [13]. Os termos laser e maser são também utilizados para designar emissões coerentes que ocorrem naturalmente, como no caso do maser astrofísico e do laser atómico [14, 15].

Um laser que produz luz por si só é tecnicamente um oscilador ótico e não um amplificador ótico, como sugere o acrónimo [16]. Foi observado com humor que o acrónimo LOSER, para "light oscillation by stimulated emission of radiation" (oscilação da luz por emissão estimulada de radiação), teria sido mais correto[15]. Com a utilização generalizada do acrónimo original como um nome comum, os amplificadores ópticos passaram a ser referidos como amplificadores laser[17].

2.2.1. Fundamentos

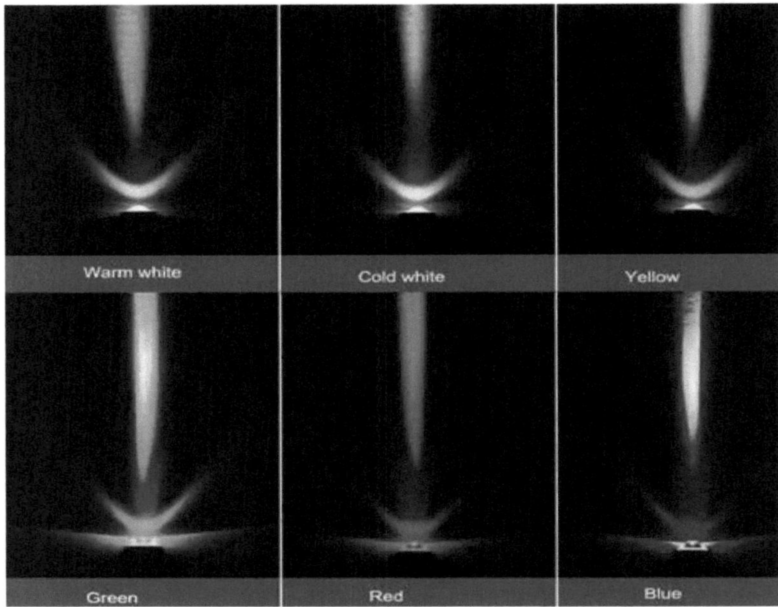

Um laser produz normalmente um feixe de luz muito estreito com um único comprimento de onda.

A física moderna descreve a luz e outras formas de radiação electromagnética como o comportamento de grupo de partículas fundamentais conhecidas como fotões. Os fotões são libertados e absorvidos através de interações electromagnéticas com outras partículas fundamentais portadoras de carga eléctrica. Uma forma comum de libertar fotões é aquecer um objeto; alguma da energia térmica aplicada ao objeto fará com que as moléculas e os electrões dentro do objeto ganhem energia, que é depois perdida através da radiação térmica, que vemos como luz. Este é o processo que faz com que a chama de uma vela emita luz.

A radiação térmica é um processo aleatório, pelo que os fotões emitidos têm uma gama de diferentes comprimentos de onda, viajam em diferentes direcções e são libertados em momentos diferentes. No entanto, a energia no interior do objeto não é aleatória: é armazenada por átomos e moléculas em "estados excitados", que libertam fotões com comprimentos de onda distintos. Este facto dá origem à ciência da espetroscopia, que permite determinar os materiais através dos comprimentos de onda específicos que emitem.

O processo físico subjacente que cria os fotões num laser é o mesmo que na radiação térmica, mas a emissão real não é o resultado de processos térmicos aleatórios. Em vez disso, a libertação de um fotão é desencadeada pela passagem próxima de outro fotão. A isto chama-se emissão estimulada. Para que este processo funcione, o fotão que passa deve ser semelhante em energia, e portanto em comprimento de onda, ao que poderia ser libertado pelo átomo ou molécula, e o átomo ou molécula deve estar no estado excitado adequado.

O fotão que é emitido por emissão estimulada é idêntico ao fotão que desencadeou a sua emissão, e ambos os fotões podem desencadear a emissão estimulada noutros átomos, criando a possibilidade de uma reação em cadeia. Para que isto aconteça, muitos dos átomos ou moléculas devem estar no estado excitado adequado para que os fotões os possam desencadear. Na maioria dos materiais, os átomos ou moléculas saem rapidamente dos estados excitados, tornando difícil ou impossível produzir uma reação em cadeia. Os materiais escolhidos para os lasers são os que têm estados metaestáveis, que se mantêm excitados durante um período de tempo relativamente longo. Em física de lasers, este tipo de material é designado por meio ativo de laser. Combinado com uma fonte de energia que continua a "bombear" energia para o material, isto torna possível ter átomos ou moléculas suficientes num estado excitado para que se desenvolva uma reação em cadeia.

Os lasers distinguem-se de outras fontes de luz pela sua coerência. A coerência espacial (ou transversal) é normalmente expressa pelo facto de a saída ser um feixe estreito, que é limitado pela difração. Os feixes laser podem ser focados em pontos muito pequenos, atingindo uma irradiância muito elevada, ou podem ter uma divergência muito baixa para concentrar a sua potência a uma grande distância. A coerência temporal (ou longitudinal) implica uma onda polarizada numa única frequência, cuja fase está correlacionada ao longo de uma distância relativamente grande (o comprimento de coerência) ao longo do feixe [18]. Um feixe produzido por uma fonte de luz térmica ou outra fonte de luz incoerente tem uma amplitude e uma fase instantâneas que variam aleatoriamente em relação ao tempo e à posição, tendo assim um comprimento de coerência curto.

Os lasers são caracterizados de acordo com o seu comprimento de onda no vácuo. A maioria dos lasers de "comprimento de onda único" produz radiação em vários modos com comprimentos de onda ligeiramente diferentes. Embora a coerência temporal implique um certo grau de monocromaticidade, alguns lasers emitem um amplo espetro de luz ou emitem simultaneamente diferentes comprimentos de onda. Alguns lasers não são de modo espacial único e têm feixes de luz que divergem mais do que o exigido pelo limite de difração. Todos estes dispositivos são classificados como "lasers" com base no método de produção de luz por emissão estimulada. Os lasers são utilizados quando a luz com a coerência espacial ou temporal necessária não pode ser produzida utilizando tecnologias mais simples.

2.3. Projeto de um laser típico

Componentes de um laser típico:

- Ganho médio
- Energia de bombagem do laser
- Refletor alto
- Acoplador de saída
- Feixe laser

Um laser é composto por um meio de ganho, um mecanismo para o energizar e algo para fornecer feedback ótico [19]. O meio de ganho é um material com propriedades que lhe permitem amplificar a luz através de emissão estimulada. A luz de um comprimento de onda específico que passa através do meio de ganho é amplificada (a potência aumenta). O feed-back permite que a emissão estimulada amplifique predominantemente a frequência ótica no pico da curva de ganho-frequência. À medida que a emissão estimulada aumenta, uma frequência acaba por dominar todas as outras, o que significa que se formou um feixe coerente [20].

O processo de emissão estimulada é análogo ao de um oscilador de áudio com realimentação positiva, que pode ocorrer, por exemplo, quando o altifalante de um sistema de endereço público é colocado na proximidade do microfone. O guincho que se ouve é uma oscilação de áudio no pico da curva de ganho-frequência do amplificador [21].

Para que o meio de ganho amplifique a luz, é necessário que lhe seja fornecida energia num processo designado por bombagem. A energia é normalmente fornecida como uma corrente eléctrica ou como luz com um comprimento de onda diferente. A luz de bombagem pode ser fornecida por uma lâmpada de flash ou por outro laser.

O tipo mais comum de laser utiliza o feedback de uma cavidade ótica - um par de espelhos em cada extremidade do meio de ganho. A luz salta para trás e para a frente entre os espelhos, passando pelo meio de ganho e sendo amplificada de cada vez. Normalmente, um dos dois espelhos, o acoplador de saída, é parcialmente transparente. Dependendo do desenho da cavidade (se os espelhos são planos ou curvos), a luz que sai do laser pode espalhar-se ou formar um feixe estreito. Por analogia com os osciladores electrónicos, este dispositivo é por vezes designado por oscilador laser.

A maioria dos lasers práticos contém elementos adicionais que afectam as propriedades da luz emitida, tais como a polarização, o comprimento de onda e a forma do feixe.

2.4. Física do laser

Os electrões e a forma como interagem com os campos electromagnéticos são importantes para a nossa compreensão da química e da física.

2.4.1. Emissão estimulada

Duração: 1 minuto e 16 segundos.1:16 Legendas disponíveis. CCAnimação que explica a emissão estimulada e o princípio do laser

Na perspetiva clássica, a energia de um eletrão que orbita um núcleo atómico é maior para as órbitas mais afastadas do núcleo de um átomo. No entanto, os efeitos mecânicos quânticos obrigam os electrões a assumir posições discretas nas orbitais. Assim, os electrões encontram-se em níveis de energia específicos de um átomo, dois dos quais são mostrados abaixo:

Um eletrão de um átomo só pode absorver energia da luz (fotões) ou do calor (fónons) se houver uma transição entre níveis de energia que correspondam à energia transportada pelo fotão ou fónon. No caso da luz, isto significa que uma dada transição só absorverá um determinado comprimento de onda da luz. Os fotões com o comprimento de onda correto podem fazer com que um eletrão salte do nível de energia mais baixo para o mais alto. O fotão é consumido neste processo.

Quando um eletrão é excitado de um estado para outro a um nível de energia superior, com uma diferença de energia ΔE, não permanecerá assim para sempre. Eventualmente, um fotão será criado espontaneamente a partir do vácuo com uma energia ΔE. Conservando a energia, o eletrão transita para um nível de energia inferior que não está ocupado, tendo as transições para níveis diferentes constantes de tempo diferentes. Este processo é designado por emissão espontânea. A emissão espontânea é um efeito quântico-mecânico e uma manifestação física direta do princípio da incerteza de Heisenberg. O fotão emitido tem uma direção aleatória, mas o seu comprimento de onda corresponde ao comprimento de onda de absorção da transição. Este é o mecanismo da fluorescência e da emissão térmica.

Um fotão com o comprimento de onda correto para ser absorvido por uma transição pode também fazer com que um eletrão passe do nível superior para o nível inferior, emitindo um novo fotão. O fotão emitido corresponde exatamente ao fotão original em comprimento de onda, fase e direção. Este processo é designado por emissão estimulada.

2.5. Ganho médio e cavidade

Demonstração de um laser de hélio-neão. O brilho que atravessa o centro do tubo é uma descarga eléctrica. Este plasma brilhante é o meio de aquisição do laser. O laser produz um ponto minúsculo e intenso no ecrã à direita. O centro do ponto aparece branco porque a imagem está sobre-exposta nesse local. Espectro de um laser de hélio-neão. A largura de banda real é muito mais estreita do que a mostrada; o espetro é limitado pelo aparelho de medição.

O meio de ganho é colocado num estado excitado por uma fonte externa de energia. Na maioria dos lasers, este meio é constituído por uma população de átomos que foram excitados para esse estado utilizando uma fonte de luz externa ou um campo elétrico que fornece energia para os átomos absorverem e serem transformados nos seus estados excitados.

O meio de ganho de um laser é normalmente um material de pureza, dimensão, concentração e forma controladas, que amplifica o feixe através do processo de emissão estimulada acima descrito. Este material pode ser de qualquer estado: gás, líquido, sólido ou plasma. O meio de ganho absorve a energia da bomba, que eleva alguns electrões para estados quânticos de energia mais elevada ("excitados"). As partículas podem interagir com a luz, absorvendo ou emitindo fotões. A emissão pode ser espontânea ou estimulada. Neste último caso, o fotão é emitido na mesma direção da luz que está a passar. Quando o número de partículas num estado excitado excede o número de partículas num estado de energia mais baixa, dá-se a inversão da população. Nesse estado, a taxa de emissão estimulada é maior do que a taxa de absorção da luz no meio e, portanto, a luz é amplificada. Um sistema com esta propriedade é designado por amplificador ótico. Quando um amplificador ótico é colocado dentro de uma cavidade ótica ressonante, obtém-se um laser [22].

No caso de meios de iluminação com um ganho extremamente elevado, a chamada super-luminescência, a luz pode ser suficientemente amplificada numa única passagem através do meio de ganho, sem necessidade de um ressoador. Embora muitas vezes referido como um laser (ver, por exemplo, o laser de azoto) [23], a luz emitida por um dispositivo deste tipo não tem a coerência espacial e temporal que é possível obter com os lasers. Um dispositivo deste tipo não pode ser descrito como um oscilador, mas sim como um amplificador ótico de alto ganho que amplifica a sua emissão espontânea. O mesmo mecanismo descreve os chamados masers/ lasers astrofísicos.

O ressoador ótico é por vezes referido como uma "cavidade ótica", mas trata-se de uma designação incorrecta: os lasers utilizam ressoadores abertos, por oposição à cavidade literal que seria utilizada a frequências de micro-ondas num maser. O ressoador é normalmente constituído por dois espelhos entre os quais um feixe de luz coerente viaja em ambas as direcções, reflectindo-se sobre si próprio de modo a que um fotão médio passe repetidamente através do meio de ganho antes de ser emitido pela abertura de saída ou perdido por difração ou absorção. Se o ganho (amplificação) no meio for maior do que as perdas do ressoador, então a potência da luz recirculada pode aumentar exponencialmente. Mas cada emissão estimulada faz regressar um átomo do seu estado excitado ao estado fundamental, reduzindo o ganho do meio. Com o aumento da potência do feixe, o ganho líquido (ganho menos perda) reduz-se à unidade e diz-se que o meio de ganho está saturado. Num laser de onda contínua (CW), o equilíbrio entre a potência da bomba e a saturação do ganho e as perdas da cavidade produz um valor de equilíbrio da potência do laser no interior da cavidade; este equilíbrio determina o ponto de funcionamento do laser. Se a potência da bomba aplicada for demasiado pequena, o ganho nunca será suficiente para superar as perdas da cavidade e a luz laser não será produzida. A potência mínima da bomba necessária para iniciar a ação do laser é designada por limiar de lasing. O meio de ganho amplifica todos os fotões que passam através dele, independentemente da direção; mas apenas os fotões num modo espacial suportado pelo ressoador passarão mais do que uma vez através do meio e receberão uma amplificação substancial.

2.6. A luz emitida

Lasers vermelho (660 e 635 nm), verde (532 e 520 nm) e azul-violeta (445 e 405 nm)

Na maior parte dos lasers, a lasing começa com a emissão espontânea no modo de lasing. Esta luz inicial é depois amplificada por emissão estimulada no meio de ganho. A emissão estimulada produz luz que corresponde ao sinal de entrada em termos de direção, comprimento de onda e polarização, enquanto a fase da luz emitida é 90 graus à frente da luz estimulante [24]. Este facto, combinado com o efeito de filtragem do ressoador ótico, confere à luz laser a sua coerência caraterística e pode dar-lhe uma polarização uniforme e monocromática, dependendo da conceção do ressoador. A largura de linha fundamental do laser [25] da luz emitida pelo ressoador de excitação pode ser ordens de grandeza mais estreita do que a largura de linha da luz emitida pelo ressoador passivo. Alguns lasers utilizam um semeador de injeção separado para iniciar o processo com um feixe que já é altamente coerente. Isto pode produzir feixes com um espetro mais estreito do que seria possível de outra forma.

Em 1963, Roy J. Glauber demonstrou que os estados coerentes se formam a partir de combinações de estados de número de fotões, pelo que lhe foi atribuído o Prémio Nobel da Física [26]. Um feixe de luz coerente é formado por estados quânticos de fotões de frequência única distribuídos de acordo com uma distribuição de Poisson. Consequentemente, a taxa de chegada dos fotões a um feixe laser é descrita pela estatística de Poisson [27].

Muitos lasers produzem um feixe que pode ser aproximado como um feixe gaussiano; esses feixes têm a divergência mínima possível para um determinado diâmetro de feixe. Alguns lasers, particularmente os de alta potência, produzem feixes multimodo, com os modos transversais aproximados por funções Hermite-Gaussianas ou Laguerre Gaussianas. Alguns lasers de alta potência utilizam um perfil de topo plano, conhecido como "feixe tophat". Ressonadores laser instáveis (não utilizados na maioria dos lasers) produzem feixes de forma fractal [28]. Sistemas ópticos especializados podem produzir geometrias de feixe mais complexas, como feixes de Bessel e vórtices ópticos.

Perto da "cintura" (ou região focal) de um feixe laser, este é altamente colimado: as frentes de onda são planas, normais à direção de propagação, sem divergência do feixe nesse ponto. No entanto, devido à difração, isso só pode permanecer verdadeiro dentro da gama de Rayleigh. O feixe de um laser de modo transversal único (feixe gaussiano) acaba por divergir num ângulo que varia inversamente com o diâmetro do feixe, tal como exigido pela teoria da difração. Assim, o "feixe de lápis" diretamente gerado por um laser de hélio-néon comum espalhar-se-ia até um tamanho de talvez 500 quilómetros quando incidisse na Lua (à distância da Terra). Por outro lado, a luz de um laser de semicondutores sai normalmente do pequeno cristal com uma grande divergência: até 50°. No entanto, mesmo um feixe tão divergente pode ser transformado num feixe colimado semelhante, utilizando um sistema de lentes, como está sempre incluído, por exemplo, num ponteiro laser cuja luz provém de um díodo laser. Isto é possível devido ao facto de a luz ser de um único modo espacial. Esta propriedade única da luz laser, a coerência espacial, não pode ser reproduzida utilizando fontes de luz normais (exceto eliminando a maior parte da luz), como pode ser apreciado comparando o feixe de uma lanterna ou de um projetor com o de quase todos os lasers.

Um perfilador de feixe laser é utilizado para medir o perfil de intensidade, a largura e a divergência dos feixes laser.

A reflexão difusa de um feixe de laser numa superfície mate produz um padrão de manchas com propriedades interessantes.

2.7. Processos de emissão quânticos vs. clássicos

O mecanismo de produção de radiação num laser baseia-se na emissão estimulada, em que a energia é extraída de uma transição num átomo ou molécula. Trata-se de um fenómeno quântico que foi previsto por Albert Einstein, que derivou a relação entre o coeficiente A, que descreve a emissão espontânea, e o coeficiente B, que se aplica à absorção e à emissão estimulada. No entanto, no caso do laser de electrões livres, os níveis de energia atómica não estão envolvidos; parece que o funcionamento deste dispositivo bastante exótico pode ser explicado sem referência à mecânica quântica.

2.8. Modos de funcionamento

Medições Lidar da topografia lunar efectuadas pela missão Clementine Rede ótica sem fios de ligação laser ponto a ponto Altímetro laser de mercúrio (MLA) da nave espacial MESSENGER

Um laser pode ser classificado como funcionando em modo contínuo ou pulsado, dependendo do facto de a potência de saída ser essencialmente contínua ao longo do tempo ou de a sua saída assumir a forma de impulsos de luz numa ou noutra escala de tempo. É claro que mesmo um laser cuja saída é normalmente contínua pode ser intencionalmente ligado e desligado a uma determinada velocidade para criar impulsos de luz. Quando a taxa de modulação é muito mais lenta do que o tempo de vida da cavidade e do que o período durante o qual a energia pode ser armazenada no meio de iluminação ou no mecanismo de bombagem, o laser continua a ser classificado como um laser de onda contínua "modulado" ou "pulsado". A maior parte dos díodos laser utilizados nos sistemas de comunicação pertence a esta categoria.

2.8.1. Funcionamento em onda contínua

Algumas aplicações dos lasers dependem de um feixe cuja potência de saída é constante ao longo do tempo. Um laser deste tipo é conhecido como laser de onda contínua (CW). Muitos tipos de lasers podem ser fabricados para funcionar em modo de onda contínua para satisfazer uma tal aplicação. Muitos destes lasers funcionam em vários modos longitudinais ao mesmo tempo, e os batimentos entre as frequências ópticas ligeiramente diferentes dessas oscilações produzirão variações de amplitude em escalas de tempo mais curtas do que o tempo de ida e volta (o recíproco do espaçamento de frequência entre modos), normalmente alguns nanossegundos ou menos. Na maioria dos casos, estes lasers continuam a ser designados por "de onda contínua", uma vez que a sua potência de saída é estável quando calculada a média durante períodos mais longos, tendo as variações de potência de frequência muito elevada pouco ou nenhum impacto na aplicação pretendida. (No entanto, o termo não é aplicado a lasers com bloqueio de modo, em que a intenção é criar impulsos muito curtos ao ritmo do tempo de ida e volta).

Para o funcionamento em onda contínua, é necessário que a inversão da população do meio de ganho seja continuamente reabastecida por uma fonte de bomba constante. Nalguns meios de laser, isto é impossível. Nalguns outros lasers, seria necessário bombear o laser a um nível de potência contínua muito elevado, o que seria impraticável, ou destruir o laser através da produção de calor excessivo. Estes lasers não podem funcionar em modo CW.

2.8.2. Funcionamento por impulsos

O funcionamento pulsado dos lasers refere-se a qualquer laser não classificado como onda contínua, de modo a que a potência ótica apareça em impulsos de alguma duração a uma determinada taxa de repetição. Isto engloba uma vasta gama de tecnologias que respondem a muitas motivações diferentes. Alguns lasers são pulsados simplesmente porque não podem funcionar em modo contínuo.

Noutros casos, a aplicação requer a produção de impulsos com uma energia tão elevada quanto possível. Uma vez que a energia dos impulsos é igual à potência média dividida pela taxa de repetição, este objetivo pode, por vezes, ser satisfeito reduzindo a taxa de impulsos, de modo a que possa ser acumulada mais energia entre impulsos. Na ablação por laser, por exemplo, um pequeno volume de material na superfície de uma peça de trabalho pode ser evaporado se for aquecido num período de tempo muito curto, enquanto que o fornecimento gradual de energia permitiria que o calor fosse absorvido pela maior parte da peça, nunca atingindo uma temperatura suficientemente elevada num determinado ponto.

Outras aplicações baseiam-se na potência de pico do impulso (em vez da energia no impulso), especialmente para obter efeitos ópticos não lineares. Para uma dada energia de impulso, isto requer a criação de impulsos com a duração mais curta possível, utilizando técnicas como o Q-switching.

A largura de banda ótica de um impulso não pode ser mais estreita do que o recíproco da largura do impulso. No caso de impulsos extremamente curtos, isso implica uma largura de banda considerável, ao contrário das larguras de banda muito estreitas típicas dos lasers de ondas contínuas. O meio de laser em alguns lasers de corante e lasers de estado sólido vibrónicos produz um ganho ótico numa largura de banda larga, tornando possível um laser que pode gerar impulsos de luz tão curtos como alguns femto-segundos (10-15 s).

2.8.3. Q-switching

Num laser de Q comutado, permite-se que a inversão da população se acumule através da introdução de perdas no interior do ressoador que excedem o ganho do meio; isto pode também ser descrito como uma redução do fator de qualidade ou "Q" da cavidade. Em seguida, depois de a energia da bomba armazenada no meio laser se ter aproximado do nível máximo possível, o mecanismo de perda introduzido (frequentemente um elemento electro-ótico ou acústico-ótico) é rapidamente removido (ou ocorre por si só num dispositivo passivo), permitindo o início da lasing que obtém rapidamente a energia armazenada no meio de ganho. O resultado é um impulso curto que incorpora essa energia e, por conseguinte, uma potência de pico elevada.

2.8.4. Bloqueio de modo

Um laser com bloqueio de modo é capaz de emitir impulsos extremamente curtos, da ordem das dezenas de picossegundos até menos de 10 femtosegundos. Estes impulsos repetem-se no tempo de ida e volta, ou seja, o tempo que a luz demora a completar uma viagem de ida e volta entre os espelhos que constituem o ressoador. Devido ao limite de Fourier (também conhecido como incerteza energia-tempo), um impulso com um comprimento temporal tão curto tem um espetro espalhado por uma largura de banda considerável. Assim, esse meio de ganho deve ter uma largura de banda de ganho suficientemente ampla para amplificar essas frequências. Um exemplo de um material adequado é a safira dopada com titânio e cultivada artificialmente (Ti:safira), que tem uma largura de banda de ganho muito ampla e pode, assim, produzir impulsos com uma duração de apenas alguns femto-segundos.

Estes lasers com bloqueio de modo são uma ferramenta muito versátil para a investigação de processos que ocorrem em escalas de tempo extremamente curtas (conhecidos como física de femtossegundos, química de femtossegundos e ciência ultra-rápida), para maximizar o efeito da não linearidade em materiais ópticos (por exemplo, na geração de segundo harmónico, conversão paramétrica descendente, osciladores paramétricos ópticos e semelhantes). Ao contrário do impulso gigante de um laser de Q comutado, os impulsos consecutivos de um laser com bloqueio de modo são coerentes em termos de fase, ou seja, os impulsos (e não apenas as suas envolventes) são idênticos e perfeitamente periódicos. Por esta razão, e devido às potências de pico extremamente elevadas atingidas por impulsos tão curtos, estes lasers são de valor inestimável em determinados domínios de investigação.

2.8.5. Bombeamento pulsado

Outro método para obter um funcionamento pulsado do laser consiste em bombear o material laser com uma fonte que seja ela própria pulsada, quer através de carregamento eletrónico, no caso das lâmpadas de flash, quer através de outro laser que já seja pulsado. O bombeamento por impulsos foi historicamente utilizado com lasers de corante, em que o tempo de vida da população invertida de uma molécula de corante era tão curto que era necessária uma bomba rápida e de alta energia. A forma de ultrapassar este problema consistia em carregar grandes condensadores que eram depois ligados para se descarregarem através de lâmpadas de flash, produzindo um flash intenso. O bombeamento pulsado é também necessário para os lasers de três níveis, nos quais o nível de energia mais baixo se torna rapidamente altamente povoado, impedindo a continuação da iluminação até que os átomos relaxem para o estado fundamental. Estes lasers, como o laser de excímero e o laser de vapor de cobre, nunca podem ser operados em modo CW.

2.9. História
2.9.1. Fundações

Em 1917, Albert Einstein estabeleceu os fundamentos teóricos do laser e do maser no artigo "Zur Quantentheorie der Strahlung" ("On the Quantum Theory of Radiation") através de uma derivação da lei da radiação de Max Planck, concetualmente baseada em coeficientes de probabilidade (coeficientes de Einstein) para a absorção, emissão espontânea e emissão estimulada de radiação electromagnética [29]. Em 1928, Rudolf W. Ladenburg confirmou a existência dos fenómenos de emissão estimulada e absorção negativa [30]. Em 1939, Valentin A. Fabrikant previu o uso da emissão estimulada para amplificar ondas "curtas" [31]. Em 1947, Willis E. Lamb e R. C. Retherford encontraram aparente emi-são estimulada em espectros de hidrogénio e efectuaram a primeira demonstração de emissão estimulada [30]. Em 1950, Alfred Kastler (Prémio Nobel da Física de 1966) propôs o método de bombagem ótica, que foi demonstrado experimentalmente dois anos mais tarde por Brossel, Kastler e Winter [32].

2.10. Maser
2.10.1.   Aleksandr Prokhorov

Em 1951, Joseph Weber apresentou um artigo sobre o uso de emissões estimuladas para fazer um amplificador de micro-ondas na Conferência de Pesquisa de Tubos de Vácuo do Instituto de Engenheiros de Rádio, em junho de 1952, em Ottawa, Ontário, Canadá [33]. Após esta apresentação, a RCA pediu a Weber para dar um seminário sobre esta ideia, e Charles H. Townes pediu-lhe uma cópia do artigo [34].

2.10.2.   Charles H. Townes

Em 1953, Charles H. Townes e os estudantes de pós-graduação James P. Gordon e Herbert J. Zeiger produziram o primeiro amplificador de micro-ondas, um dispositivo que funciona segundo princípios semelhantes aos do laser, mas que amplifica a radiação de micro-ondas em vez da radiação infravermelha ou visível. O maser de Townes era incapaz de produzir em contínuo [35]. Entretanto, na União Soviética, Nikolay Basov e Aleksandr Prokhorov estavam a trabalhar independentemente no oscilador quântico e resolveram o problema dos sistemas de saída contínua utilizando mais de dois níveis de energia. Estes meios de ganho podiam libertar emissões estimuladas entre um estado excitado e um estado excitado inferior, e não o estado fundamental, facilitando a manutenção de uma inversão de população. Em 1955, Prokhorov e Basov sugeriram o bombeamento ótico de um sistema multinível como método para obter a inversão de população, mais tarde um dos principais métodos de bombeamento laser.

Townes relata que vários físicos eminentes - entre eles Niels Bohr, John von Neumann e Llewellyn Thomas - argumentavam que o maser violava o princípio da incerteza de Heisenberg e, portanto, não poderia funcionar. Outros, como Isidor Rabi e Polykarp Kusch, esperavam que fosse impraticável e que não valesse a pena o esforço [36]. Em 1964, Charles H. Townes, Nikolay Basov e Aleksandr Prokhorov partilharam o Prémio Nobel da Física, "pelo trabalho fundamental no domínio da eletrónica quântica, que levou à construção de osciladores e amplificadores baseados no princípio do maser-laser".

2.10.3.   Laser

Em abril de 1957, o engenheiro japonês Jun-ichi Nishizawa propôs o conceito de um "maser ótico semicondutor" num pedido de patente [37].

<table>
<tr><td>Áudio externo</td></tr>
<tr><td>"O Homem, o Mito, o Laser", Podcast Destilações, Instituto de História da Ciência</td></tr>
</table>

Nesse mesmo ano, Charles H. Townes e Arthur Leonard Schawlow, na altura nos Laboratórios Bell, iniciaram um estudo sério dos "masers ópticos" de infravermelhos. À medida que as ideias se desenvolviam, abandonaram a radiação infravermelha para se concentrarem na luz visível. Em 1958, os Laboratórios Bell registaram um pedido de patente para o maser ótico proposto; e Schawlow e Townes submeteram um manuscrito dos seus cálculos teóricos à Physical Review, que foi publicado em 1958 [38].

Caderno LASER: Primeira página do caderno em que Gordon Gould cunhou o acrónimo LASER e descreveu os elementos necessários para construir um. Texto do manuscrito: "Alguns cálculos aproximados sobre a viabilidade / de um LASER: Light Ampli-fication by Stimulated / Emission of Radiation. / Conceber um tubo terminado por espelhos paralelos opticamente planos / [Esboço de um tubo] / parcialmente reflectores..."

Simultaneamente, Gordon Gould, estudante da Universidade de Columbia, estava a trabalhar numa tese de doutoramento sobre os níveis de energia do tálio excitado. Quando Gould e Townes se encontraram, falaram de emissão de radiação, como um assunto geral; posteriormente, em novembro de 1957, Gould registou as suas ideias para um "laser", incluindo a utilização de um ressoador aberto (mais tarde um componente essencial do dispositivo laser). Além disso, em 1958, Prokhorov propôs independentemente a utilização de um ressoador aberto, sendo esta a primeira publicação desta ideia. Entretanto, Schawlow e Townes tinham optado por um projeto de laser de ressoador aberto - aparentemente desconhecendo as publicações de Prokhorov e o trabalho não publicado de Gould sobre laser.

Numa conferência em 1959, Gordon Gould publicou pela primeira vez o acrónimo "LASER" no artigo The LASER, Light Amplification by Stimulated Emission of Radia-tion [39]. A intenção de Gould era que fossem utilizados diferentes acrónimos "-ASER" para diferentes partes do espetro: "XASER" para os raios X, "UVASER" para o ultravioleta, etc. O termo "LASER" acabou por se tornar o termo genérico para os dispositivos que não são de micro-ondas, embora o termo "RASER" tenha sido brevemente popular para designar os dispositivos emissores de radiofrequência.

As notas de Gould incluíam possíveis aplicações para um laser, como a espetrometria, a interferometria, o radar e a fusão nuclear. Continuou a desenvolver a ideia e apresentou um pedido de patente em abril de 1959. O Instituto de Marcas e Patentes dos Estados Unidos (USPTO) negou o seu pedido e concedeu a patente aos Bell Labs, em 1960. Este facto deu origem a um processo judicial que durou vinte e oito anos, em que o que estava em jogo era o prestígio científico e o dinheiro. Gould ganhou a sua primeira pequena patente em 1977, mas só em 1987 obteve a primeira vitória significativa num processo judicial sobre patentes, quando um juiz federal ordenou ao USPTO que concedesse patentes a Gould para os dispositivos laser de bombeamento ótico e de descarga de gás. A questão de como atribuir o crédito pela invenção do laser continua por resolver pelos historiadores [40].

Em 16 de maio de 1960, Theodore H. Maiman operou o primeiro lase funcional [41, 42] nos Hughes Research Laboratories, em Malibu, Califórnia, à frente de várias equipas de investigação, incluindo as de Townes, na Universidade de Columbia, Arthur L. Schawlow, nos Bell Labs [43], e Gould, na empresa TRG (Technical Research Group). O laser funcional de Maiman utilizava um cristal de rubi sintético bombeado por uma lanterna para produzir luz laser vermelha com um comprimento de onda de 694 nanómetros. O dispositivo só era capaz de funcionar em regime pulsante, devido ao seu esquema de bombagem de três níveis. Mais tarde, nesse mesmo ano, o físico iraniano Ali Javan, William R. Bennett Jr. e Donald R. Herriott construíram o primeiro laser de gás, utilizando hélio e néon, capaz de funcionar continuamente no infravermelho (Patente dos EUA 3.149.290); mais tarde, Javan recebeu o Prémio Mundial de Ciência Albert Einstein em 1993. Em 1962, Robert N. Hall demonstrou o primeiro laser semicondutor, feito de arsenieto de gálio e que emitia na banda do infravermelho próximo do espetro, a 850 nm. Mais tarde, nesse mesmo ano, Nick Holonyak Jr. demonstrou o primeiro laser de semicondutores com uma emissão visível. Este primeiro laser de semicondutores só podia ser utilizado em funcionamento por feixe pulsado e quando arrefecido a temperaturas de azoto líquido (77 K). Em 1970, Zhores Alferov, na URSS, e Izuo Hayashi e Morton Panish, dos Bell Labs, desenvolveram também, de forma independente, lasers de díodo de funcionamento contínuo à temperatura ambiente, utilizando a estrutura de heterojunção.

2.11. Inovações recentes

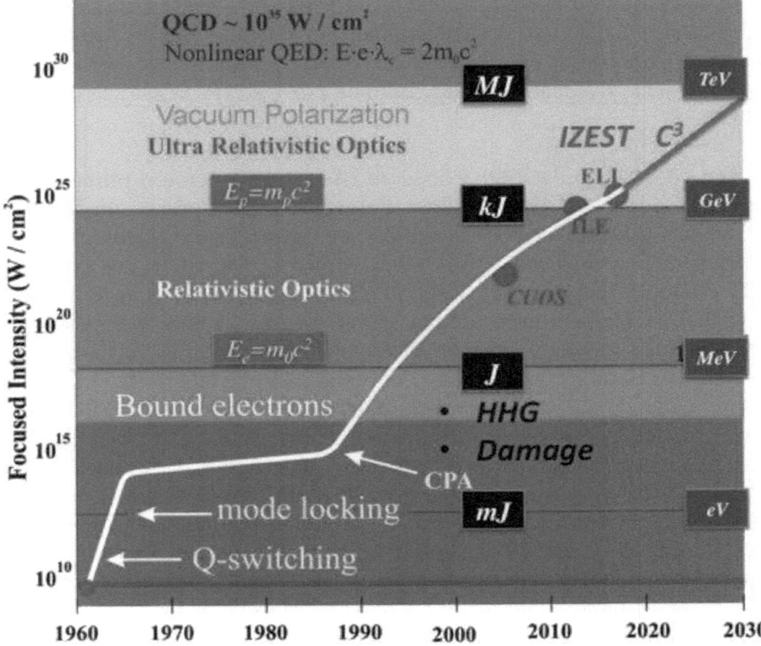

Gráfico que mostra o historial da intensidade máxima dos impulsos laser desde 1960

Desde o início da história do laser, a investigação sobre o laser produziu uma variedade de tipos de laser melhorados e especializados, optimizados para diferentes objectivos de desempenho, incluindo:

- novas bandas de comprimento de onda
- potência média máxima de saída
- energia máxima de pico do impulso
- potência máxima de pico dos impulsos
- duração mínima do impulso de saída
- largura mínima da linha
- máxima eficiência energética
- custo mínimo

e esta investigação continua até aos dias de hoje.

Em 2015, os investigadores criaram um laser branco, cuja luz é modulada por uma nanofolha sintética feita de zinco, cádmio, enxofre e selénio que pode emitir luz vermelha, verde e azul em proporções variáveis, com cada comprimento de onda de 191 nm [44-46].

Em 2017, investigadores da Universidade de Tecnologia de Delft demonstraram um laser de micro-ondas de junção AC Josephson [47]. Uma vez que o laser funciona no regime supercondutor, é mais estável do que outros lasers baseados em semicondutores. O dispositivo tem potencial para aplicações em computação quântica [48]. Em 2017, investigadores da Universidade Técnica de Munique demonstraram o mais pequeno laser de bloqueio de modo capaz de emitir pares de impulsos laser de pico-segundos bloqueados por fase com uma frequência de repetição até 200 GHz [49].

Em 2017, investigadores do Physikalisch-Technische Bundesanstalt (PTB), juntamente com investigadores norte-americanos do JILA, um instituto conjunto do National Institute of Standards and Technology (NIST) e da Universidade de Colorado Boulder, estabeleceram um novo recorde mundial ao desenvolverem um laser de fibra dopada com érbio com uma largura de linha de apenas 10 mili-hertz [50, 51].

2.12. Tipos e princípios de funcionamento

Comprimentos de onda de lasers disponíveis no mercado. Os tipos de laser com linhas de laser distintas são mostrados acima da barra de comprimentos de onda, enquanto que abaixo são mostrados lasers que podem emitir numa gama de comprimentos de onda. A cor codifica o tipo de material do laser (ver a descrição da figura para mais pormenores).

2.12.1. Lasers de gás

Após a invenção do laser de gás HeNe, verificou-se que muitas outras descargas de gás amplificam a luz de forma coerente. Os lasers de gás que utilizam muitos gases diferentes foram construídos e utilizados para muitos fins. O laser de hélio-néon (HeNe) pode funcionar em muitos comprimentos de onda diferentes, no entanto, a grande maioria é concebida para produzir laser a 633 nm; estes lasers de custo relativamente baixo, mas altamente coerentes, são extremamente comuns em laboratórios de investigação ótica e de ensino. Os lasers comerciais de dióxido de carbono (CO_2) podem emitir muitas centenas de watts num único modo espacial que pode ser concentrado num ponto minúsculo. Esta emissão situa-se no infravermelho térmico a 10,6 µm; estes lasers são regularmente utilizados na indústria para corte e soldadura. A eficiência de um laser de CO_2 é invulgarmente elevada: mais de 30% [52]. Os lasers de iões de árgon podem funcionar em várias transições de laser entre 351 e 528,7 nm. Consoante a conceção ótica, uma ou mais destas transições podem estar a ser activadas simultaneamente; as linhas mais frequentemente utilizadas são 458 nm, 488 nm e 514,5 nm. Um laser de descarga eléctrica transversal de azoto em gás à pressão atmosférica (TEA) é um laser de gás barato, frequentemente construído em casa por amadores, que produz luz UV bastante incoerente a 337,1 nm [53]. Os lasers de iões metálicos são lasers de gás que produzem comprimentos de onda ultra-violeta profundos. O laser de hélio-prata (HeAg) 224 nm e o de néon-cobre (NeCu) 248 nm são dois exemplos. Como todos os lasers de gás de baixa pressão, os meios de ganho destes lasers têm larguras de linha de oscilação bastante estreitas, inferiores a 3 GHz (0,5 picómetros) [54], o que os torna candidatos a utilização em espetroscopia Raman com supressão de fluorescência.

O laser sem manter o meio excitado numa inversão de população foi demonstrado em 1992 no gás de sódio e novamente em 1995 no gás de rubídio por várias equipas internacionais [55, 56]. Isto foi conseguido através da utilização de um maser externo para induzir "transparência ótica" no meio, introduzindo e interferindo destrutivamente nas transições dos electrões da terra entre dois caminhos, de modo que a probabilidade de os electrões da terra absorverem qualquer energia foi cancelada.

2.12.2. Lasers químicos

Os lasers químicos são alimentados por uma reação química que permite libertar rapidamente uma grande quantidade de energia. Estes lasers de potência muito elevada são especialmente interessantes para o sector militar, mas foram desenvolvidos lasers químicos de onda contínua com níveis de potência muito elevados, alimentados por fluxos de gases, que têm algumas aplicações industriais. A título de exemplo, no laser de fluoreto de hidrogénio (2700-2900 nm) e no laser de fluoreto de deutério (3800 nm), a reação é a combinação de hidrogénio ou gás deutério com produtos de combustão de etileno em trifluoreto de azoto.

2.12.3. Lasers de excímero

Os lasers de excímero são um tipo especial de laser de gás alimentado por uma descarga eléctrica em que o meio de iluminação é um excímero, ou mais precisamente um exciplex nos modelos existentes. Trata-se de moléculas que só podem existir com um átomo num estado elec-trónico excitado. Quando a molécula transfere a sua energia de excitação para um fotão, os seus átomos deixam de estar ligados uns aos outros e a molécula desintegra-se. Isto reduz drasticamente a população do estado de energia mais baixo, facilitando assim grandemente a inversão da população. Os excímeros atualmente utilizados são todos compostos de gases nobres; os gases nobres são quimicamente inertes e só podem formar compostos quando se encontram num estado excitado. Os lasers de excímero funcionam normalmente em comprimentos de onda ultravioleta, sendo as suas principais aplicações a fotolitografia de semicondutores e a cirurgia ocular LASIK. As moléculas de excímero comummente utilizadas incluem ArF (emissão a 193 nm), KrCl (222 nm), KrF (248 nm), XeCl (308 nm) e XeF (351 nm) [57]. O laser de flúor molecular, que emite a 157 nm no ultravioleta de vácuo, é por vezes referido como um laser de excímero, mas parece ser uma designação incorrecta, uma vez que o F2 é um composto estável.

2.12.4. Lasers de estado sólido

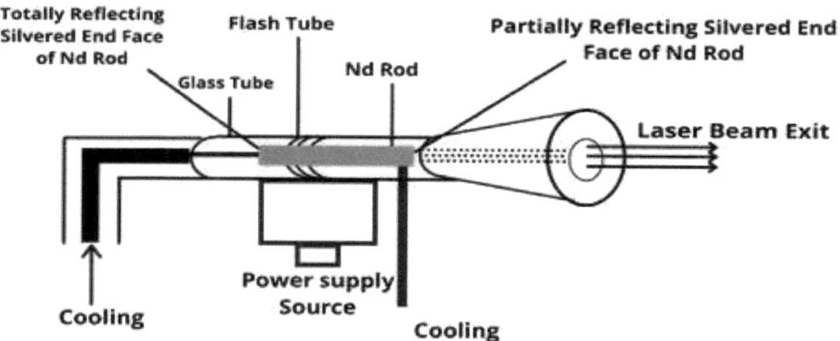

Um FASOR de 50 W, baseado num laser Nd:YAG, utilizado em a gama ótica Starfire.

Os lasers de estado sólido utilizam uma barra cristalina ou de vidro que é "dopada" com iões que fornecem os estados de energia necessários. Por exemplo, o primeiro laser funcional foi um laser de rubi, feito de rubi (corindo dopado com crómio). A inversão de população é mantida no dopante. Estes materiais são bombeados opticamente utilizando um comprimento de onda mais curto do que o comprimento de onda do laser, frequentemente a partir de um tubo de flash ou de outro laser. A utilização do termo "estado sólido" na física dos lasers é mais restrita do que é habitual. Os lasers de semicondutores (díodos laser) não são normalmente referidos como lasers de estado sólido.

O neodímio é um dopante comum em vários cristais de laser de estado sólido, incluindo o ortovanadato de ítrio (Nd:YVO4), o fluoreto de ítrio e lítio (Nd:YLF) e a granada de ítrio e alumínio (Nd:YAG). Todos estes lasers podem produzir potências elevadas no espetro infravermelho a 1064 nm. São utilizados para corte, soldadura e marcação de metais e outros materiais, bem como em espetroscopia e para bombear lasers de corantes. Estes lasers são também normalmente duplicados, triplicados ou quadruplicados em frequência para produzir feixes de 532 nm (verde, visível), 355 nm e 266 nm (UV), respetivamente. Os lasers de estado sólido bombeados por díodo

(DPSS) com duplicação de frequência são utilizados para produzir ponteiros laser verdes brilhantes.

O itérbio, o hólmio, o túlio e o érbio são outros "dopantes" comuns nos lasers de estado sólido [58]. O itérbio é utilizado em cristais como o Yb:YAG, Yb:KGW, Yb: KYW, Yb:SYS, Yb:BOYS, Yb:CaF2, que funcionam normalmente em torno de 1020-1050 nm. São potencialmente muito eficientes e de alta potência devido a um pequeno defeito quântico. É possível obter potências extremamente elevadas em impulsos ultracurtos com Yb: YAG. Os cristais de YAG dopados com hólmio emitem a 2097 nm e formam um laser eficiente que funciona em comprimentos de onda infravermelhos fortemente absorvidos pelos tecidos que contêm água. O Ho-YAG é normalmente operado em modo pulsado e passado através de dispositivos cirúrgicos de fibra ótica para recobrir articulações, remover a podridão dos dentes, vaporizar cancros e pulverizar cálculos renais e biliares.

A safira dopada com titânio (Ti:safira) produz um laser de infravermelhos altamente sintonizável, normalmente utilizado em espetroscopia. Também se destaca pela sua utilização como laser bloqueado por modo, produzindo impulsos ultracurtos de potência de pico extremamente elevada.

As limitações térmicas dos lasers de estado sólido resultam da potência da bomba não convertida que aquece o meio. Este calor, quando associado a um elevado coeficiente termo-ótico (dn/dT), pode causar lentes térmicas e reduzir a eficiência quântica. Os lasers de disco fino bombeados por díodos ultrapassam estes problemas ao terem um meio de ganho que é muito mais fino do que o diâmetro do feixe da bomba. Isto permite uma temperatura mais uniforme no material. Foi demonstrado que os lasers de disco fino produzem feixes de até um quilowatt [59].

2.12.5. Lasers de fibra

Os lasers de estado sólido ou os amplificadores laser em que a luz é guiada devido à reflexão interna total numa fibra ótica monomodo são designados por lasers de fibra. O guiamento da luz permite regiões de ganho extremamente longas, proporcionando boas condições de arrefecimento; as fibras têm uma elevada relação área superficial/volume, o que permite um arrefecimento eficiente. Além disso, as propriedades de guia de ondas da fibra tendem a reduzir a distorção térmica do feixe. Os iões de érbio e de itérbio são espécies activas comuns neste tipo de lasers.

Muitas vezes, o laser de fibra é concebido como uma fibra de revestimento duplo. Este tipo de fibra é constituído por um núcleo de fibra, um revestimento interior e um revestimento exterior. O índice das três camadas concêntricas é escolhido de modo a que o núcleo da fibra actue como uma fibra monomodo para a emissão do laser, enquanto o revestimento exterior actua como um núcleo altamente multimodo para o laser da bomba. Isto permite que a bomba propague uma grande quantidade de energia para dentro e através da região ativa do núcleo interior, ao mesmo tempo que continua a ter uma abertura numérica (NA) elevada para ter condições de lançamento fáceis.

A luz de bombeamento pode ser utilizada de forma mais eficiente através da criação de um laser de disco de fibra, ou de uma pilha de lasers deste tipo.

Os lasers de fibra, tal como outros meios ópticos, podem sofrer os efeitos do foto-escurecimento quando são expostos a radiação de determinados comprimentos de onda. Em particular, este fenómeno pode levar à degradação do material e à perda de funcionalidade do laser ao longo do tempo. As causas e efeitos exactos deste fenómeno variam de material para material, embora envolva frequentemente a formação de centros de cor [60].

2.12.6. Lasers de cristais fotónicos

Os lasers de cristais fotónicos são lasers baseados em nanoestruturas que proporcionam o confinamento de modos e a estrutura de densidade de estados ópticos (DOS) necessários para que o feed-back tenha lugar. São tipicamente de dimensão micrométrica [duvidoso - discutir] e sintonizáveis nas bandas dos cristais fotónicos [61].

2.12.7. Lasers de semicondutores

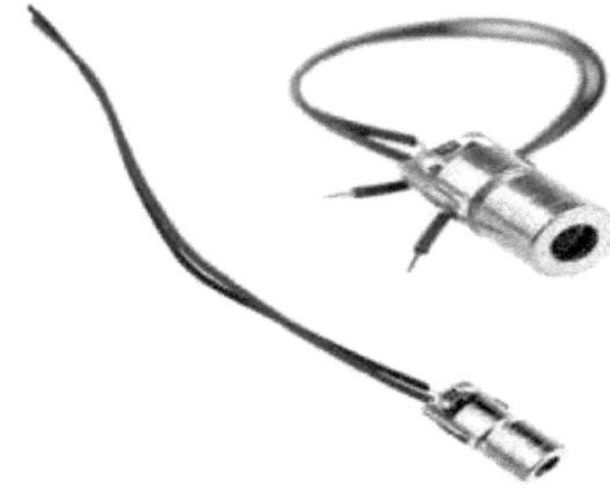

**Um díodo laser comercial de "lata fechada" de 5,6 mm, como os
utilizados num leitor de CD ou DVD.**

Os lasers de semicondutores são díodos que são bombeados
eletricamente. A recombinação de electrões e buracos criada pela corrente
aplicada introduz um ganho ótico. A reflexão a partir das extremidades do
cristal forma um ressoador ótico, embora o ressoador possa ser externo ao
semicondutor em alguns modelos.

Os díodos laser comerciais emitem em comprimentos de onda de 375 nm
a 3500 nm [62]. Os díodos laser de baixa a média potência são utilizados em
apontadores laser, impressoras laser e leitores de CD/DVD. Os díodos laser
são também frequentemente utilizados para bombear opticamente outros
lasers com elevada eficiência. Os díodos laser industriais de maior potência,
com potências até 20 kW, são utilizados na indústria para corte e soldadura
[63]. Os lasers de semicondutores de cavidade externa têm um meio ativo
semicondutor numa cavidade maior. Estes dispositivos podem gerar
potências elevadas com boa qualidade de feixe, radiação de largura de linha
estreita ajustável em função do comprimento de onda ou impulsos laser ultra-
curtos.

Em 2012, a Nichia e a OSRAM desenvolveram e fabricaram díodos laser
verdes comerciais de alta potência (515/520 nm), que competem com os
lasers tradicionais de estado sólido bombeados por díodos [64, 65].

Os lasers de cavidade vertical de emissão superficial (VCSEL) são lasers
de semicondutores cuja direção de emissão é perpendicular à superfície da
bolacha. Os dispositivos VCSEL têm normalmente um feixe de saída mais
circular do que os díodos laser convencionais. A partir de 2005, apenas os
VCSEL de 850 nm estão amplamente disponíveis, com os VCSEL de 1300
nm a começarem a ser comercializados [66] e os dispositivos de 1550 nm a
constituírem uma área de investigação. Os VECSELs são VCSELs de
cavidade externa. Os lasers de cascata quântica são lasers semicondutores
que têm uma transição ativa entre sub-bandas de energia de um eletrão numa
estrutura que contém vários poços quânticos.

O desenvolvimento de um laser de silício é importante no domínio da
computação ótica. O silício é o material de eleição para os circuitos
integrados, pelo que os componentes electrónicos e fotónicos de silício
(como as interligações ópticas) podem ser fabricados na mesma pastilha.
Infelizmente, o silício é um material difícil de manusear, uma vez que tem
certas propriedades que bloqueiam a produção de laser. No entanto,
recentemente, as equipas produziram lasers de silício através de métodos
como o fabrico do material de lasing a partir do silício e de outros materiais

semicondutores, como o fosforeto de índio(III) ou o arsenieto de gálio(III), materiais que permitem a produção de luz coerente a partir do silício. Estes são designados por laser de silício híbrido. Desenvolvimentos recentes mostraram também a utilização de lasers de nanofios integrados monoliticamente diretamente no silício para interconexões ópticas, abrindo caminho para aplicações ao nível das pastilhas [67]. Estes lasers de nanofios hetero-estruturados, capazes de efetuar interligações ópticas em silício, são também capazes de emitir pares de impulsos de pico-segundos bloqueados por fase com uma frequência de repetição até 200 GHz, permitindo o processamento de sinais ópticos na pastilha [49]. Outro tipo é o laser Raman, que tira partido da dispersão Raman para produzir um laser a partir de materiais como o silício.

2.12.8. Lasers de corante

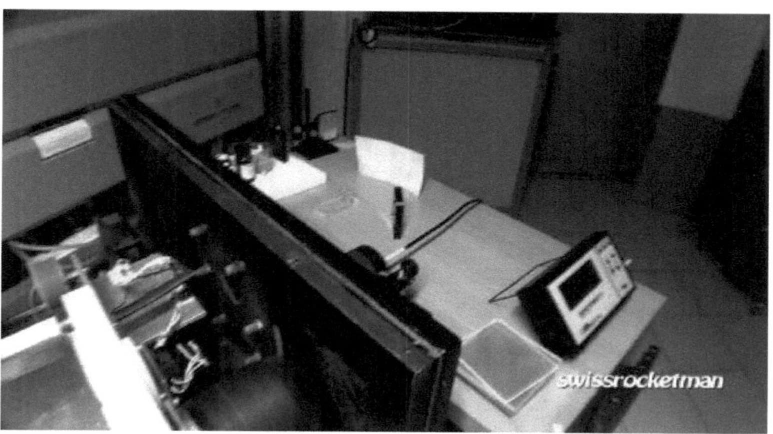

Grande plano de um laser de corante de mesa baseado em Rodamina 6G

Os lasers de corante utilizam um corante orgânico como meio de ganho. O amplo espetro de ganho dos corantes disponíveis, ou das misturas de corantes, permite que estes lasers sejam altamente sintonizáveis ou produzam impulsos de duração muito curta (da ordem de alguns femto-segundos). Embora estes lasers sintonizáveis sejam conhecidos principalmente na sua forma líquida, os investigadores também demonstraram uma emissão sintonizável de largura de linha estreita em configurações de osciladores dispersivos que incorporam meios de ganho de corantes no estado sólido. Na sua forma mais predominante, estes lasers de corantes no estado sólido utilizam polímeros dopados com corantes como meios laser.

Os lasers de bolha são lasers de corante que utilizam uma bolha como ressonador ótico. Os modos de galeria sussurrante na bolha produzem um espetro de saída composto por centenas de picos uniformemente espaçados; um pente de frequências. O espaçamento dos modos da galeria de sussurros está diretamente relacionado com a circunferência da bolha, permitindo que os lasers de bolhas sejam utilizados como sensores de pressão altamente sensíveis [68].

2.12.9. Lasers de electrões livres

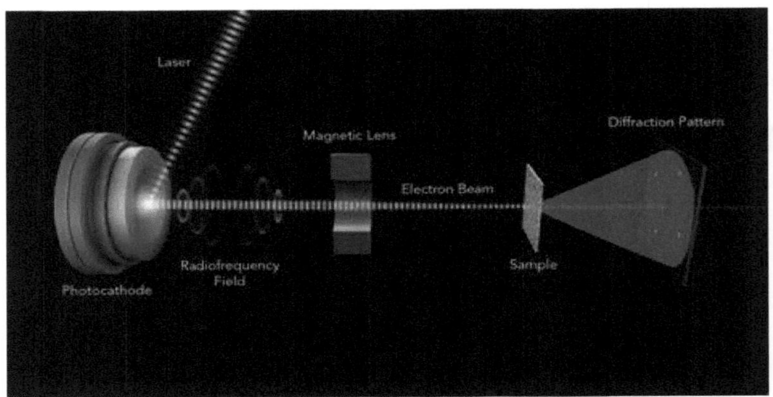

O laser de electrões livres FELIX no Instituto FOM de Física de Plasmas de Rijnhuizen, Nieuwegein

Os lasers de electrões livres (FEL) geram radiação coerente e de alta potência, amplamente sintonizável, variando atualmente em comprimento de onda desde as micro-ondas, passando pela radiação terahertz e infravermelha, até ao espetro visível e aos raios X moles. Têm a mais ampla gama de frequências de qualquer tipo de laser. Embora os feixes FEL partilhem as mesmas caraterísticas ópticas que os outros lasers, como a radiação coerente, o funcionamento do FEL é bastante diferente. Ao contrário dos lasers de gás, de líquido ou de estado sólido, que se baseiam em estados atómicos ou moleculares ligados, os FEL utilizam um feixe de electrões relativistas como meio de laser, daí o termo eletrão livre.

2.12.10. Media exóticos

A procura de um laser de alta energia quântica utilizando transições entre estados isoméricos de um núcleo atómico tem sido objeto de uma vasta investigação académica desde o início da década de 1970. Grande parte desta investigação está resumida em três artigos de revisão [69-71]. Esta investigação tem tido um âmbito internacional, mas baseia-se principalmente na antiga União Soviética e nos Estados Unidos. Embora muitos cientistas continuem optimistas quanto à proximidade de uma descoberta, ainda não foi concretizado um laser de raios gama operacional [72].

Alguns dos primeiros estudos foram dirigidos para impulsos curtos de neutrões que exci- tavam o estado de isómero superior num sólido, de modo a que a transição de raios gama pudesse beneficiar do estreitamento de linha do efeito Mössbauer [73, 74]. Em conjunto, esperavam-se várias vantagens do bombeamento em duas fases de um sistema de três níveis [75]. Conjecturou-se que o núcleo de um átomo, inserido no campo próximo de uma nuvem de electrões em oscilação coerente conduzida por um laser, experimentaria um campo dipolar maior do que o do laser condutor [76, 77]. Além disso, a não-linearidade da nuvem oscilante produziria harmónicos espaciais e temporais, pelo que transições nucleares de maior multipolaridade poderiam também ser conduzidas a múltiplos da frequência do laser [78-84].

Em setembro de 2007, a BBC News noticiou que se especulava sobre a possibilidade de utilizar a aniquilação do positrónio para acionar um laser de raios gama muito potente [85]. David Cassidy, da Universidade da Califórnia, em Riverside, propôs que um único laser deste tipo poderia ser utilizado para desencadear uma reação de fusão nuclear, substituindo os bancos de centenas de lasers atualmente utilizados em experiências de iões de fumo de confinamento inercial [85].

Lasers de raios X baseados no espaço, bombeados por uma explosão nuclear, foram também propostos como armas anti-míssil [86, 87]. Estes dispositivos seriam armas de disparo único.

Foram utilizadas células vivas para produzir luz laser [88, 89]. As células foram geneticamente modificadas para produzir proteína fluorescente verde, que serviu como meio de ganho do laser. As células foram então colocadas entre dois espelhos de 20 micrómetros de largura, que actuaram como cavidade do laser. Quando a célula foi iluminada com luz azul, emitiu uma luz laser verde intensamente direcionada.

2.12.11. Lasers naturais

Tal como os masers astrofísicos, os gases planetários ou estelares irradiados podem amplificar a luz produzindo um laser natural [90]. Marte [91], Vénus e MWC 349 apresentam este fenómeno.

2.13. Utilizações

Os lasers variam em tamanho, desde os microscópicos lasers de díodo (em cima), com inúmeras aplicações, até aos lasers de vidro de neodímio do tamanho de um campo de futebol (em baixo), utilizados na fusão por confinamento inercial, na investigação de armas nucleares e noutras experiências físicas de elevada densidade energética

Quando os lasers foram inventados em 1960, foram designados como "uma solução à procura de um problema" [92]. Desde então, tornaram-se omnipresentes, encontrando utilidade em milhares de aplicações altamente variadas em todos os sectores da sociedade moderna, incluindo a eletrónica de consumo, a tecnologia da informação, a ciência, a medicina, a indústria, a aplicação da lei, o entretenimento e as forças armadas. A comunicação por fibra ótica utilizando lasers é uma tecnologia-chave nas comunicações modernas, permitindo serviços como a Internet.

A primeira utilização de lasers amplamente visível foi o leitor de códigos de barras de supermercado, introduzido em 1974. O leitor de discos laser, introduzido em 1978, foi o primeiro produto de consumo bem sucedido a incluir um laser, mas o leitor de discos compactos foi o primeiro dispositivo equipado com laser a tornar-se comum, a partir de 1982, seguido em breve pelas impressoras laser. Algumas outras utilizações são:

- Comunicações: para além da comunicação por fibra ótica, os lasers são utilizados para a comunicação ótica no espaço livre, incluindo a comunicação por laser no espaço
- Medicina:
- Indústria: corte, incluindo conversão de materiais finos, soldadura, tratamento térmico de materiais, marcação de peças (gravação e colagem), fabrico aditivo ou
  Processos de impressão 3D, tais como sinterização selectiva por laser e fusão selectiva por laser, deposição de metal por laser, medição sem contacto de peças e digitalização 3D, e limpeza por laser.
- Militar: marcação de alvos, orientação de munições, defesa antimíssil, contramedidas electro-ópticas (EOCM), lidar, cegueira de tropas, mira de armas de fogo. Ver abaixo
- Aplicação da lei: Controlo do tráfego por LIDAR. Os lasers são utilizados para a deteção de impressões digitais latentes no domínio da identificação forense [93, 94].
- Investigação: espetroscopia, ablação por laser, recozimento por laser, dispersão por laser, interferometria por laser, lidar, microdissecção por captura de laser, microscopia de fluorescência, metrologia, arrefecimento por laser
- Produtos comerciais: impressoras laser, leitores de códigos de barras, termómetros, ponteiros laser, hologramas, bubblegrams

- Entretenimento: discos ópticos, ecrãs de iluminação laser, gira-discos laser.
- Marcações informativas: A tecnologia de visualização de iluminação laser pode ser utilizada para projetar marcações informativas em superfícies como campos de jogos, estradas, pistas ou pisos de armazéns [95-97].

Em 2004, excluindo os lasers de díodos, foram vendidos cerca de 131 000 lasers, no valor de 2,19 mil milhões de dólares [98]. No mesmo ano, foram vendidos cerca de 733 milhões de lasers de díodo, avaliados em 3,20 mil milhões de dólares [99].

2.14. Em medicina

Os lasers têm muitas utilizações na medicina, incluindo a cirurgia por laser (em especial a cirurgia ocular), a cura por laser (terapia de foto-bio-modulação), o tratamento de pedras nos rins, a oftalmo-escopia e os tratamentos cosméticos da pele, como o tratamento da acne, a redução da celulite e das estrias e a depilação.

Os lasers são utilizados para tratar o cancro, encolhendo ou destruindo tumores ou crescimentos pré-cancerosos. São mais frequentemente utilizados para tratar cancros superficiais que se encontram à superfície do corpo ou no revestimento de órgãos internos. São utilizados para tratar o cancro da pele de células basais e as fases iniciais de outros cancros, como o cancro do colo do útero, do pénis, vaginal, vulvar e do pulmão de células não pequenas. A terapia laser é frequentemente combinada com outros tratamentos, como a cirurgia, a quimioterapia ou a radioterapia. A termoterapia intersticial induzida por laser (LITT), ou fotocoagulação intersticial por laser, utiliza lasers para tratar alguns cancros através de hipertermia, que utiliza o calor para encolher os tumores, danificando ou matando as células cancerígenas. Os lasers são mais precisos do que os métodos cirúrgicos tradicionais e causam menos danos, dor, hemorragia, inchaço e cicatrizes. Uma desvantagem é o facto de os cirurgiões terem de adquirir formação especializada, pelo que será provavelmente mais dispendioso do que outros tratamentos [100, 101].

2.15. Como armas

Uma arma laser é um laser que é utilizado como arma de energia dirigida.

A arma tática de alta energia EUA-Israel tem sido utilizada para abater foguetes e projécteis de artilharia

2.16. Passatempos

Nos últimos anos, alguns amadores têm-se interessado por lasers. Os lasers utilizados por amadores são geralmente da classe IIIa ou IIIb (ver § Segurança), embora alguns tenham fabricado os seus próprios tipos de classe IV [102]. No entanto, em comparação com outros utilizadores amadores, os utilizadores amadores de lasers são muito menos comuns, devido ao custo e aos potenciais perigos envolvidos. Devido ao custo dos lasers, alguns amadores recorrem a meios baratos para os obter, como a recuperação de díodos laser de leitores de DVD avariados (vermelho), leitores de Blu-ray (violeta), ou mesmo díodos laser de maior potência de gravadores de CD ou DVD [103].

Os amadores também utilizaram lasers excedentes retirados de aplicações militares reformadas e modificaram-nos para holografia. Os lasers pulsados de rubi e YAG funcionam bem para este efeito

2.17. Aplicações
2.17.1. Exemplos por potência

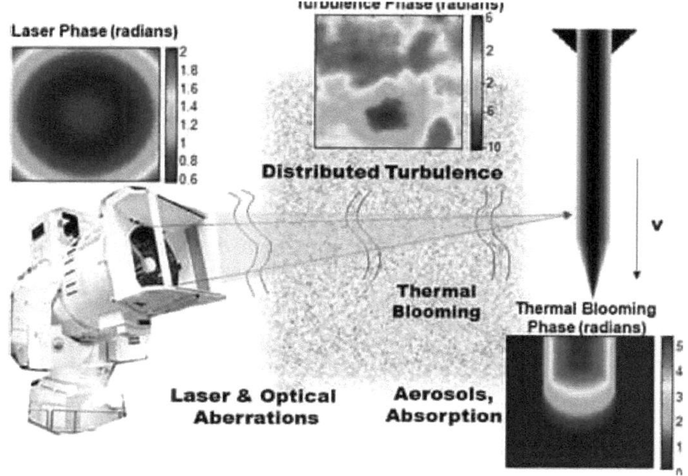

Aplicação de laser em imagens astronómicas de ótica adaptativa.

Diferentes aplicações necessitam de lasers com diferentes potências de saída. Os lasers que produzem um feixe contínuo ou uma série de impulsos curtos podem ser comparados com base na sua potência média. Os lasers que produzem impulsos também podem ser caracterizados com base na potência de pico de cada impulso. A potência de pico de um laser pulsado é muitas ordens de grandeza superior à sua potência média. A potência média de saída é sempre inferior à potência consumida.

A potência contínua ou média necessária para algumas utilizações: esconder	
Potência	Utilização
1-5 mW	Apontadores laser
5 Mw	Unidade de CD-ROM
5-10 mW	Leitor de DVD ou unidade de DVD-ROM
100 mW	Gravador de CD-RW de alta velocidade
250 mW	Gravador de DVD-R 16× para consumidores
400 mW	DVD 24× gravação de dupla camada[104]
1 W	Laser verde no desenvolvimento de protótipos de discos holográficos versáteis
1-20 W	Saída da maioria dos lasers de estado sólido disponíveis no mercado utilizados para micro-usinagem
30-100 W	Lasers cirúrgicos de CO2 selados típicos[105]

| **100-3000 W** | Lasers de CO2 selados típicos utilizados no corte a laser industrial |

Exemplos de sistemas pulsados com elevada potência de pico:

- 700 TW (700×1012 W)-National Ignition Facility, um sistema laser de 192 feixes e 1,8 megajoules, adjacente a uma câmara de alvo com 10 metros de diâmetro [106].
- 10 PW (10×1015 W) - o laser mais potente do mundo a partir de 2019, localizado nas instalações do ELI-NP em Măgurele, Roménia [107].

2.17.2. Segurança

Mesmo o primeiro laser foi reconhecido como sendo potencialmente perigoso. Theodore Maiman caracterizou o primeiro laser como tendo a potência de uma "Gillette", uma vez que podia queimar uma lâmina de barbear Gillette [108, 109]. Atualmente, é aceite que mesmo os lasers de baixa potência, com apenas alguns miliwatts de potência de saída, podem ser perigosos para a visão humana quando o feixe atinge o olho diretamente ou após reflexão de uma superfície brilhante. Em comprimentos de onda que a córnea e o cristalino conseguem focar bem, a coerência e a baixa divergência da luz laser significam que esta pode ser focada pelo olho num ponto extremamente pequeno da retina, resultando em queimaduras localizadas e danos permanentes em segundos ou mesmo em menos tempo.

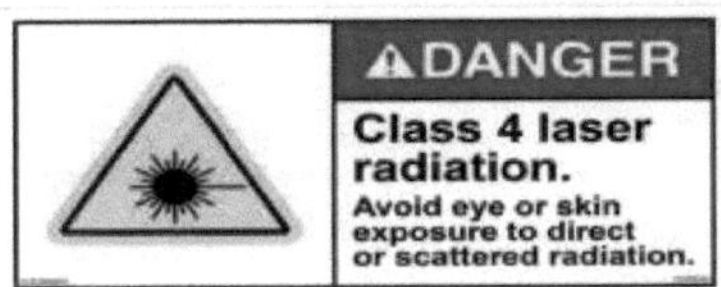

Os lasers são normalmente etiquetados com um número de classe de segurança, que identifica o grau de perigosidade do laser:
- A classe 1 é intrinsecamente segura, normalmente porque a luz está contida num invólucro, por exemplo, nos leitores de CD
- A classe 2 é segura durante a utilização normal; o reflexo de pestanejar do olho evitará danos. Normalmente até 1 mW de potência, por exemplo, ponteiros laser.

- Os lasers da classe 3R (anteriormente IIIa) têm normalmente uma potência máxima de 5 mW e implicam um pequeno risco de lesão ocular durante o período do reflexo de pestanejo. Olhar fixamente para um feixe deste tipo durante vários segundos é suscetível de causar danos num ponto da retina.
- Os lasers da classe 3B (5-499 mW) podem provocar lesões oculares imediatas em caso de exposição.
- Os lasers da classe 4 ($\geq$ 500 mW) podem queimar a pele e, nalguns casos, mesmo a luz dispersa destes lasers pode causar lesões oculares e/ou cutâneas. Muitos lasers industriais e científicos pertencem a esta classe.

As potências indicadas são para lasers de luz visível e de onda contínua. Para lasers pulsados e comprimentos de onda invisíveis, aplicam-se outros limites de potência. As pessoas que trabalham com lasers das classes 3B e 4 podem proteger os olhos com óculos de proteção concebidos para absorver a luz de um determinado comprimento de onda.

Os lasers de infravermelhos com comprimentos de onda superiores a cerca de 1,4 micrómetros são frequentemente referidos como "seguros para os olhos", porque a córnea tende a absorver a luz nestes comprimentos de onda, protegendo a retina de danos. No entanto, o rótulo "seguro para os olhos" pode ser enganador, uma vez que se aplica apenas a feixes de onda contínua de potência relativamente baixa; um laser de alta potência ou com Q-switched nestes comprimentos de onda pode queimar a córnea, causando lesões oculares graves, e mesmo os lasers de potência moderada podem ferir o olho.

Os lasers podem constituir um perigo para a aviação civil e militar, devido à possibilidade de distraírem temporariamente ou cegarem os pilotos. Para mais informações sobre este assunto, consulte Lasers e segurança na aviação.

As câmaras baseadas em dispositivos de acoplamento de carga podem ser mais sensíveis aos danos causados pelo laser do que os olhos biológicos [110].

2.18. Referências

[1].   Taylor, Nick (2000). Laser: O inventor, o prémio Nobel e o
Guerra das Patentes de Trinta Anos. Simon & Schuster. p. 66. ISBN 978-0684835150.
[2].   Ross T., Adam; Becker G., Daniel (2001).
Actas de Cirurgia Laser: Caracterização Avançada, e Sistemas. SPIE. p. 396. ISBN 978-0-8194-3922-2.

[3].   "dezembro de 1958: Invenção do laser". aps.org. Arquivado em dezembro de
        10, 2021. Recuperado em 27 de janeiro de 2022.
[4].   "Fontes de semicondutores: O fósforo laser emite luz branca sem queda".
        7 de novembro de 2013. Arquivado em 13 de junho de 2016. Recuperado em 4 de fevereiro de 2019.
[5].   "Iluminação laser: LEDs de luz branca em aplicações de iluminação direcional".
        22 de fevereiro de 2017. Arquivado em 7 de fevereiro de 2019. Recuperado em fevereiro
        4, 2019.
[6].   "Como funcionam os faróis alimentados por laser". 7 de novembro de 2011. Arquivado em
        16 de novembro de 2011. Recuperado em 4 de fevereiro de 2019.
[7].   "Luz laser para faróis: As últimas novidades em iluminação automóvel | OSRAM Automotive".
        Arquivado em 7 de fevereiro de 2019. Recuperado em 4 de fevereiro de 2019.
[8].   Heilbron, John L. (27 de março de 2003).
        The Oxford Companion to the History of Modern Science.
        Oxford University Press. pp. 447. ISBN 978-0-19-974376-6.
[9].   Bertolotti, Mario (1 de outubro de 2004). A História do Laser. CRC Press.
        pp. 215, 218-219. ISBN 978-1-4200-3340-3.
[10].   McAulay, Alastair D. (31 de maio de 2011).
        Tecnologia laser militar para a defesa: Tecnologia de Guerra do Século XXI.
        John Wiley & Sons. p. 127. ISBN 978-0-470-25560-5.
[11].   Renk, Karl F. (9 de fevereiro de 2012).
        Noções básicas de física dos lasers: Para estudantes de ciências e engenharia.
        Springer Science & Business Media. p. 4. ISBN 978-3-642-23565-8.
[12].   "LASE". Dicionário Collins. Recuperado em 6 de janeiro de 2024.
[13].   "LASING". Dicionário Collins. Recuperado em 6 de janeiro de 2024.
[14].   Strelnitski, Vladimir (1997). "Masers, Lasers e o Meio Interestelar".
        Astrofísica e Ciências do Espaço. 252: 279-287.
[15].   Chu, Steven; Townes, Charles (2003). "Arthur Schawlow". Em Edward P.
        Lazear (ed.). Biographical Memoirs. Vol. 83. Academia Nacional de Ciências. p. 202.
[16].   Al-Amri, et al. (2016). Ótica no nosso tempo. Springer. p. 76.
        ISBN 978-3-319-31903-2.
[17].   Hecht, Jeff (2018). Compreendendo os lasers: Um guia de nível de entrada.

John Wiley & Sons. p. 201. ISBN 978-1-119-31064-8.

[18]. Física concetual, Paul Hewitt, 2002

[19]. Siegman, Anthony E. (1986). Lasers. University Science Books. p. 2. ISBN 978-0-935702-11-8.

[20]. Pearsall 2020, p. 276=285.

[21]. Pearsall, Thomas (2010). Photonics Essentials, 2ª edição. McGraw-Hill. ISBN 978-0-07-162935-5. Arquivado em 17 de agosto de 2021. Recuperado em 23 de fevereiro de 2021.

[22]. Siegman, Anthony E. (1986). Lasers. University Science Books. p. 4. ISBN 978-0-935702-11-8.

[23]. Walker, Jearl (junho de 1974). "Laser de nitrogénio". Light and Its Uses. W. H.
Freeman. pp. 40-43. ISBN 978-0-7167-1185-8.

[24]. Pollnau, M. (2018).
"Aspeto de fase na emissão e absorção de fotões". Optica. 5 (4): 465-474. . Arquivado em 8 de fevereiro de 2023. Recuperado em 28 de junho de 2020.

[25]. Pollnau, M.; Eichhorn, M. (2020). Progresso em Eletrônica Quântica. 72:
100255.

[26]. Glauber, R.J. (1963).
"Estados coerentes e incoerentes do campo de radiação". Phys. Rev. 131 (6):
2766-2788. Arquivado em 8 de maio de 2021. Recuperado em 23 de fevereiro de 2021.

[27]. Pearsall 2020, p. 276.

[28]. Karman, G.P. et al. (novembro de 1999).
"Ótica laser: Modos fractais em ressonadores instáveis". Nature. 402 (6758):
138.

[29]. Einstein, A (1917). "Zur Quantentheorie der Strahlung". Physikalische Zeitschrift. 18: 121-128. Bibcode:1917PhyZ...18..121E.

[30]. Steen, W.M. "Laser Materials Processing", 2nd Ed. 1998.

[31]. Batani, Dimitri (2004).
"O risco do laser: o que é e como enfrentá-lo; análise a uma distância tão grande de nós"
Universidade de Milão-Bicocca. p. 12. Arquivado em 14 de junho de 2007.
Obtido em 1 de janeiro de 2007.

[32]. O Prémio Nobel da Física 1966 Arquivado em 4 de junho de 2011,
at the Wayback Machine Discurso de apresentação do Professor Ivar Waller.
Obtido em 1 de janeiro de 2007.

[33]. "Entrevista de história oral do Instituto Americano de Física com Joseph Weber".

4 de maio de 2015. Arquivado em 8 de março de 2016. Recuperado em 16 de março de 2016.

[34]. Bertolotti, Mario (2015).
Masers e Lasers: An Historical Approach (2ª ed.). CRC Press. pp. 89-91. ISBN 978-1-4822-1780-3. Recuperado em 15 de março de 2016.

[35]. "Guia de Lasers". Hobarts. Arquivado em 24 de abril de 2019. Recuperado em abril
24, 2017.

[36]. Townes, Charles H. (1999).
Como o Laser Aconteceu: Aventuras de um Cientista,
Oxford University Press, ISBN 978-0-19-512268-8, pp. 69-70.

[37]. Nishizawa, Jun-ichi (dezembro de 2009).
"Extensão das frequências do maser ao laser". Proc Jpn Acad Ser B Phys
Biol Sci. 85 (10): 454-465.

[38]. Schawlow, Arthur; Townes, Charles (1958). "Masers de infravermelhos e ópticos".
Physical Review. 112 (6): 1940-1949.

[39]. Gould, R. Gordon (1959).
"O LASER, Amplificação da Luz por Emissão Estimulada de Radiação".
Em Franken, P.A.; Sands R.H. (eds.). A Conferência de Ann Arbor sobre Ótica
Pumping, Universidade de Michigan, 15 - 18 de junho de 1959. p. 128.

[40]. Joan Lisa Bromberg, The Laser in America, 1950-1970 (1991), pp. 74-
77 online Arquivado 28 de maio de 2014, no Máquina Wayback

[41]. Maiman, T. H. (1960). "Radiação ótica estimulada em rubi".
Natureza. 187 (4736): 493-494.

[42]. Townes, Charles Hard. "O primeiro laser". Universidade de Chicago.
Arquivado em 4 de abril de 2004. Recuperado em 15 de maio de 2008.

[43]. Hecht, Jeff (2005). Beam: The Race to Make the Laser. Universidade de Oxford
Press. ISBN 978-0-19-514210-5.

[44]. "Pela primeira vez, um laser que brilha branco puro". Popular Science.
18 de março de 2019. Arquivado em 16 de dezembro de 2019. Recuperado em 16 de dezembro de 2019.

[45]. "Investigadores demonstram os primeiros lasers brancos do mundo".
phys.org. Arquivado em 16 de dezembro de 2019. Recuperado em 16 de dezembro de 2019.

[46]. "Os cientistas finalmente criaram um laser branco - e ele pode iluminar a sua casa".
gizmodo.com. 30 de julho de 2015. Arquivado em 16 de dezembro de 2019. Recuperado em dezembro.

16, 2019.

[47]. "Investigadores demonstram novo tipo de laser". Phys.org. Arquivado em março de
3, 2017. Recuperado em 4 de março de 2017.

[48]. Cassidy, M. C.; et al. (2 de março de 2017).
"Demonstração de um laser de junção Josephson ac". Science. 355 (6328):
939-942.

[49]. Mayer, B.; et al. (23 de maio de 2017).
"Bloqueio de fase mútuo a longo prazo do laser de nanofios com impulsos de picossegundos".
Nature Communications. 8: 15521.

[50]. Erika Schow (29 de junho de 2017).
"A largura de linha do Physikalisch-Technische Bundesanstalt é de apenas 10 mHz".
Arquivado do original em 3 de julho de 2017.

[51]. Matei, D.G.; Legero, T.; Häfner, S.; et al. (30 de junho de 2017).
"Lasers de 1,5 µm com largura de linha sub-10 mHz". Phys. Rev. Lett. 118 (26):
263202.

[52]. Nolen, Jim; Derek Verno. "O laser de dióxido de carbono". Davidson
Física. Arquivado em 11 de outubro de 2014. Recuperado em 17 de agosto de 2014.

[53]. Csele, Mark (2004). "O laser de gás nitrogénio TEA". Lasers Caseiros
Página. Arquivado em 11 de setembro de 2007. Recuperado em 15 de setembro de 2007.

[54]. "Lasers UV profundos" (PDF). Photon Systems, Covina, Califórnia. Arquivado em julho de
1, 2007. Recuperado em 27 de maio de 2007.

[55]. Mompart, J.; Corbalán, R. (2000). "Lasing sem inversão". J. Opt.
B. 2 (3): R7-R24.

[56]. Javan, A. (2000). "Sobre conhecer Marlan". Ode a um físico quântico: A
festschrift em homenagem a Marlan O. Scully. Elsevier.

[57]. Schuocker, D. (1998). Manual da Academia Eurolaser. Springer.
ISBN 978-0-412-81910-0.

[58]. Bass, Michael; et al. (13 de novembro de 2009). McGraw Hill
Profissional. ISBN 978-0-07-163314-7. Arquivado emFevereiro 8, 2023.
Recuperado em 16 de julho de 2017.

[59]. C. Stewen, M. Larionov, e A. Giesen,
"Yb:YAG thin disk laser with 1 kW output power", em OSA Trends in
Ótica e Fotónica, Lasers avançados de estado sólido, H. Injeyan, U. Keller,

e C. Marshall, ed. (Optical Society of America, Washington, D.C.,
2000)
pp. 35-41.
[60]. Paschotta, Rüdiger. "Photodarkening". www.rp-photonics.com.
Arquivado em 25 de junho de 2023. Recuperado em 22 de julho de
2023.
[61]. Wu, X.; et al. (25 de outubro de 2004). "Laser de cristal fotónico
ultravioleta".
Applied Physics Letters. 85 (17): 3657.
[62]. "Mercado de díodos laser". Hanel Photonics. Arquivado do original
em
7 de dezembro de 2015. Recuperado em 26 de setembro de 2014.
[63]. "Lasers de díodo direto de alta potência para corte e soldadura".
industrial-
lasers.com. Arquivado em 11 de agosto de 2018. Recuperado em 11
de agosto de 2018.
[64]. "Diodo LASER". nichia.co.jp. Arquivado em 18 de março de 2014.
Recuperado em 18 de março de 2014.
[65]. "Laser verde". osram-os.com. 19 de agosto de 2015. Arquivado em 18
de março,
2014. Recuperado em 18 de março de 2014.
[66]. "Picolight envia os primeiros transceptores VCSEL de 4 Gbit/s 1310-
nm". Foco no laser
Mundo Online. 9 de dezembro de 2005. Arquivado em 13 de março
de 2006.
Recuperado em 27 de maio de 2006.
[67]. Mayer, B.; et al. (13 de janeiro de 2016).
"Lasers de nanofios de alto β integrados monoliticamente em silício".
Nano
Cartas. 16 (1): 152-156.
[68]. Miller, Johanna. "Os lasers de bolhas podem ser robustos e sensíveis".
Physics Today.
Instituto Americano de Física. Recuperado em 2 de abril de 2024.
[69]. Baldwin, G.C.; Solem, J.C.; Gol'danskii, V. I. (1981).
"Abordagens para o desenvolvimento de lasers de raios gama".
Resenhas de Moderno
Física. 53 (4): 687-744.
[70]. Baldwin, G.C.; Solem, J.C. (1995).
"Propostas recentes para lasers de raios gama". Laser Physics. 5 (2):
231-239.
[71]. Baldwin, G.C.; Solem, J.C. (1997). "Recoilless gamma-ray lasers".
Comentários
de Física Moderna. 69 (4): 1085-1117. Realizado em 28 de julho de
2019.
Recuperado em 13 de junho de 2019.

[72]. Baldwin, G.C.; Solem, J.C. (1982).
"Será o momento oportuno? Ou temos de esperar tanto tempo pelos avanços?". Laser
Focus. 18 (6): 6&8.
[73]. Solem, J.C. (1979). "Sobre a viabilidade de um laser de raios gama acionado impulsivamente".
Relatório do Laboratório Científico de Los Alamos LA-7898.
[74]. Baldwin, G.C.; Solem, J.C. (1979).
"Densidade máxima e taxas de captura da fonte pulsada moderada por neutrões".
Ciência e Engenharia Nuclear. 72 (3): 281-289. Arquivado em 7 de fevereiro,
2016. Recuperado em 13 de janeiro de 2016.
[75]. Baldwin, G.C.; Solem, J.C. (1980).
"Bombeamento em duas fases de lasers de raios gama Mössbauer de três níveis". Revista
de Física Aplicada. 51 (5): 2372-2380.
[76]. Solem, J.C. (1986).
"Mecanismos de transferência entre níveis e sua aplicação às garras".
Actas da Conferência AIP. Actas dos Avanços na Ciência do Laser-I,
Primeira Conferência Internacional de Ciência Laser, Dallas, TX 1985 (American
Instituto de Física, Ciência e Engenharia Ótica, Série 6). Vol. 146.
pp. 22-25. Arquivado em 27 de novembro de 2018. Recuperado em 27 de novembro de 2018.
[77]. Biedenharn, L.C.; Boyer, K.; Solem, J.C. (1986).
"Possibilidade de grasing por excitação nuclear conduzida por laser". Conferência AIP
Actas. Actas de AIP Advances in Laser Science-I, Dallas, TX,
18-22 de novembro de 1985. Vol. 146. pp. 50-51.
[78]. Rinker, G.A.; Solem, J.C.; Biedenharn, L.C. (27 de abril de 1988).
"Cálculo da radiação harmónica e do acoplamento nuclear de campos laser fortes".
Em Jones, Randy C (ed.). Proc. SPIE 0875, Short and Ultrashort Wavelength (Comprimento de onda curto e ultracurto)
Lasers. Simpósio de Los Angeles de 1988: O-E/LASE '88, 1988, Los Angeles,
CA, Estados Unidos. Short and Ultrashort Wavelength Lasers (Lasers de comprimento de onda curto e ultracurto). Vol. 146.
Sociedade Internacional de Ótica e Fotónica. pp. 92-101.
[79]. Rinker, G. A.; et al. (1987).
"Excitações colectivas de electrões da camada exterior por transferência nuclear entre níveis".
Actas da Segunda Conferência Internacional de Ciência Laser, Seattle,

WA (Advances in Laser Science-II). 160. Nova Iorque: Instituto Americano de
Física: 75-86. OCLC 16971600.
[80]. Solem, J.C. (1988). Journal of Quantitative Spectroscopy and Radiative
Transferir. 40 (6): 713-715. Arquivado em 18 de março de 2020.
Recuperado em 8 de setembro de 2019.
[81]. Solem, J.C.; Biedenharn, L.C. (1987).
"Cartilha sobre o acoplamento de oscilações electrónicas colectivas a núcleos". Los
Relatório do Laboratório Nacional de Alamos LA-10878: 1. Arquivado em 4 de março,
2016. Recuperado em 13 de janeiro de 2016.
[82]. Solem, J.C.; Biedenharn, L.C. (1988).
"Acoplamento laser a oscilações electrónicas colectivas de núcleos: estudo de modelos".
Jr. de Espectroscopia Quantitativa e Transferência Radiativa. 40 (6): 707-712.
[83]. Boyer, K.; et al. (1987).
"Discussão do papel dos movimentos de muitos electrões na excitação".
Em Smith, S.; Knight, P. (eds.). Actas da Conferência Internacional sobre
Multiphoton Processes (ICOMP) IV, 13-17 de julho de 1987, Boulder, CA.
Cambridge, Inglaterra: Cambridge University Press. p. 58. OSTI 10147730.
[84]. Biedenharn, L.C.; Rinker, G.A.; Solem, J.C. (1989).
"Um modelo aproximado solucionável para a resposta de campos eléctricos oscilatórios".
Journal of the Optical Society of America B. 6 (2): 221-227. Arquivado em
21 de março de 2020.
[85]. Fildes, Jonathan (2007). "Partículas-espelho formam nova matéria". BBC
Notícias. Arquivado em 21 de abril de 2009. Recuperado em 22 de maio de 2008.
[86]. Hecht, Jeff (maio de 2008). "A história do laser de raios X". Ótica e
Notícias da Fotónica. 19 (5): 26-33.
[87]. Robinson, Clarence A. (1981). "Avanço feito no laser de alta energia".
Aviation Week & Space Technology. pp. 25-27.
[88]. Palmer, Jason (13 de junho de 2011). "O laser é produzido por uma célula viva". BBC
Notícias. Arquivado em 13 de junho de 2011. Recuperado em 13 de junho de 2011.

[89].   Malte C. Gather & Seok Hyun Yun (2011). "Lasers biológicos de célula única".
Nature Photonics. 5 (7): 406-410.

[90].   Chen, Sophia (1 de janeiro de 2020). "Luz alienígena". SPIE. Arquivado em 14 de abril,
2021. Recuperado em 9 de fevereiro de 2021.

[91].   Mumma, Michael J (3 de abril de 1981). Science. 212 (4490): 45-49.
Arquivado em 17 de fevereiro de 2022. Recuperado em 9 de fevereiro de 2021.

[92].   Charles H. Townes (2003). "O primeiro laser". Em Laura Garwin; Tim Lincoln.
pp. 107-12. ISBN 978-0-226-28413-2.

[93].   Dalrymple B.E., Duff J.M., Menzel E.R.
"Luminescência inerente às impressões digitais - deteção por laser". Jornal de Medicina Legal
Ciências, 22(1), 1977, 106-115

[94].   Dalrymple B.E.
"Luminescência visível e infravermelha em documentos: excitação por laser".
Journal of Forensic Sciences, 28(3), 1983, 692-696

[95].   "A tecnologia laser melhora a experiência dos adeptos de desporto e dos árbitros".
Photonics.com. 10 de setembro de 2014. Recuperado em 23 de agosto de 2023.

[96].   Woods, Susan (13 de abril de 2015). "Linhas da frente". Lasers de chão de fábrica.
Recuperado em 23 de agosto de 2023.

[97].   Randall, Kevin (20 de abril de 2022).
"Tecnologia de futebol que é mais do que um espetáculo de luz e laser".
The New York Times. Recuperado em 30 de agosto de 2023.

[98].   Kincade, Kathy; Anderson, Stephen (1 de janeiro de 2005).
"Laser Marketplace 2005: As aplicações de consumo aumentam as vendas de laser em 10%".
Laser Focus World. Vol. 41, no. 1. Arquivado em 13 de abril de 2015.
Recuperado em 6 de abril de 2015.

[99].   Steele, Robert V. (2005). "O mercado de diodos-laser cresce a um ritmo mais lento".
Laser Focus World. Vol. 41, no. 2. Arquivado em 12 de abril de 2015.
Recuperado em 6 de abril de 2015.

[100]. "Terapia laser para o cancro: MedlinePlus Medical Encyclopedia".
medlineplus.gov. Arquivado em 24 de fevereiro de 2021. Recuperado em dezembro
15, 2017.

[101]. "Lasers no tratamento do cancro". Institutos Nacionais de Saúde, National
Instituto do Cancro. 13 de setembro de 2011. Arquivado em 5 de abril de 2020.
Obtido em 15 de dezembro de 2017.
[102]. LASER de CO2 da PowerLabs! Arquivado em 14 de agosto de 2005,
no Máquina Wayback Sam Barros 21 de junho de 2006. Recuperado em 1 de janeiro,
2007.
[103]. Maks, Stephanie. "Como fazer: Transformar um gravador de DVD num laser de alta potência".
Transmissões do Planeta Stephanie. Arquivado em 17 de fevereiro de 2022.
Recuperado em 6 de abril de 2015.
[104]. "Potência de saída do díodo laser com base nas especificações do DVD-R/RW". elabz.com. abril
10, 2011. Arquivado em 22 de novembro de 2011. Recuperado em 10 de dezembro de 2011.
[105]. Peavy, George M. (2014). "Como selecionar um laser cirúrgico veterinário".
Aesculight. Arquivado do original em 19 de abril de 2016. Recuperado em março
30, 2016.
[106]. Heller, Arnie, "Orchestrating the world's most powerful laser.
Arquivado 21 de novembro de 2008, no Máquina Wayback". Ciência e
Revisão de Tecnologia. Laboratório Nacional Lawrence Livermore, julho/agosto de 2005. Recuperado em 27 de maio de 2006.
[107]. Dragan, Aurel (13 de março de 2019).
"Magurele Laser torna-se oficialmente o laser mais potente do mundo".
Revista de negócios. Arquivado em 14 de abril de 2021. Recuperado em 23 de março de 2021.
[108]. Zurer, Rachel (2011). "Três coisas inteligentes sobre lasers". WIRED.
Recuperado em 16 de fevereiro de 2024.
[109]. Jr, John Johnson (11 de maio de 2007).
"Theodore Maiman,79; aproveitou a luz para construir o primeiro laser funcional do mundo".
Los Angeles Times. Recuperado em 16 de fevereiro de 2024.
[110]. Hecht, Jeff (24 de janeiro de 2018). "Os Lidars podem fazer zapping nos chips da câmera?".
Espectro do IEEE. Arquivado em 2 de fevereiro de 2019. Recuperado em fevereiro
1, 2019.

Capítulo (3)
Díodo laser

3.1. Prefácio

Um díodo laser (LD, também designado díodo laser de injeção ou ILD ou laser de semicondutores ou
O laser de díodo) é um dispositivo semicondutor semelhante a um díodo emissor de luz, no qual um díodo bombeado diretamente com corrente eléctrica pode criar condições de lasing na junção do díodo [1].

Um díodo laser encapsulado apresentado com um cêntimo à escala*488 nm:
Laser verde-azul de InGaN; tornou-se amplamente disponível em meados de 2018.

Tipo	semicondutor, díodo emissor de luz
Princípio de funcionamento	semicondutor, geração e recombinação de portadores
Inventado	Robert N. Hall, 1962; Nick Holonyak, Jr., 1962
Configuração de pinos	Ânodo e cátodo

O chip de díodo laser é retirado e colocado

**Um díodo laser com a caixa cortada. O chip do díodo laser
é o pequeno chip preto na frente; um fotodíodo
na parte de trás é utilizado para controlar a potência de saída.**

**Imagem SEM (microscópio eletrónico de varrimento) de uma
Díodo laser com a caixa e a janela cortadas. O ânodo
A ligação à direita foi acidentalmente
quebrado pelo processo de corte de casos.**

Impulsionada pela tensão, a transição p-n dopada permite a recombinação de um eletrão com um buraco. Devido à queda do eletrão de um nível de energia superior para um inferior, é gerada radiação sob a forma de um fotão emitido. Trata-se de emissão espontânea. A emissão estimulada pode ser produzida quando o processo é continuado e gera luz com a mesma fase, coerência e comprimento de onda.

A escolha do material semicondutor determina o comprimento de onda do feixe emitido, que nos díodos laser actuais varia entre o infravermelho e o espetro ultravioleta (UV). Os díodos laser são o tipo mais comum de lasers produzidos, com uma vasta gama de utilizações que incluem comunicações por fibra ótica, leitores de códigos de barras, ponteiros laser, leitura/gravação de CD/DVD/Blu-ray, impressão laser, digitalização laser e iluminação de feixes de luz. Com a utilização de um fósforo como o que se encontra nos LED brancos, os díodos laser podem ser utilizados para iluminação geral.

3.2. Theorymatlab1

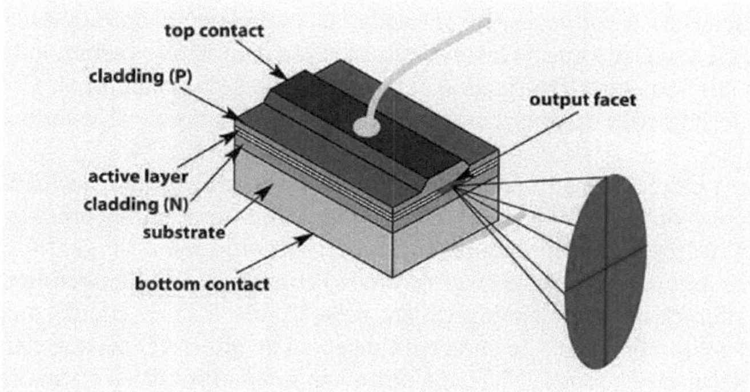

Laser semicondutor.

Um díodo laser é, eletricamente, um díodo PIN. A região ativa do díodo laser situa-se na região intrínseca (I) e os portadores (electrões e buracos) são bombeados para essa região a partir das regiões N e P, respetivamente. Embora a investigação inicial sobre o laser de díodo tenha sido realizada com díodos P-N simples, todos os lasers modernos utilizam a implementação da estrutura de duplo hétero, em que os portadores e os fotões são confinados de modo a maximizar as suas hipóteses de recombinação e de geração de luz. Ao contrário de um díodo normal, o objetivo de um díodo laser é recombinar todos os portadores na região I e produzir luz. Assim, os díodos laser são fabricados com semicondutores de intervalo de banda direta. A estrutura epitaxial do díodo laser é cultivada utilizando uma das técnicas de crescimento de cristais, normalmente a partir de um substrato dopado com N e cultivando a camada ativa dopada com I, seguida do revestimento dopado com P e de uma camada de contacto. A camada ativa é frequentemente constituída por poços quânticos, que proporcionam uma corrente de limiar mais baixa e uma maior eficiência [1].

3.3. Bombeamento elétrico e ótico

Os díodos laser constituem um subconjunto da classificação mais vasta de díodos de junção p-n de semicondutores. A polarização eléctrica direta através do díodo laser faz com que as duas espécies de portadores de carga -

buracos e electrões - sejam injectadas de lados opostos da junção p-n para a região de depleção. Os buracos são injectados do semicondutor dopado com p para o semicondutor dopado com n, e os electrões vice-versa. (Uma região de depleção, desprovida de quaisquer portadores de carga, forma-se em resultado da diferença de potencial elétrico entre semicondutores do tipo n e do tipo p, sempre que estes estejam em contacto físico). Devido à utilização da injeção de carga na alimentação da maioria dos lasers de díodos, esta classe de lasers é por vezes denominada lasers de injeção ou díodos laser de injeção (ILD). Dado que os lasers de díodos são dispositivos semicondutores, podem também ser classificados como lasers de semicondutores. Qualquer destas designações distingue os lasers de díodos dos lasers de estado sólido.

Outro método de alimentação de alguns lasers de díodo é a utilização de bombagem ótica. Os lasers de semicondutores com bombeamento ótico (OPSL) utilizam um chip semicondutor III-V como meio de ganho e outro laser (frequentemente outro laser de díodo) como fonte de bombeamento. Os OPSL oferecem várias vantagens em relação aos ILD, particularmente na seleção do comprimento de onda e na ausência de interferência das estruturas internas dos eléctrodos [2, 3]. Uma outra vantagem dos OPSL é a invariância dos parâmetros do feixe - divergência, forma e apontamento - à medida que a potência da bomba (e, consequentemente, a potência de saída) varia, mesmo com um rácio de potência de saída de 10:1 [4].

3.4. Geração de emissões espontâneas

Quando um eletrão e um buraco estão presentes na mesma região, podem recombinar-se ou aniquilar-se, produzindo uma emissão espontânea - ou seja, o eletrão pode reocupar o estado de energia do buraco, emitindo um fotão com energia igual à diferença entre o estado original do eletrão e o estado do buraco. (Num díodo de junção semicondutor convencional, a energia libertada pela recombinação de electrões e buracos é transportada como fonões, ou seja, vibrações da rede, e não como fotões). A emissão espontânea abaixo do limiar de lasing produz propriedades semelhantes às de um LED. A emissão espontânea é necessária para iniciar a oscilação do laser, mas é uma entre várias fontes de ineficiência quando o laser está a oscilar.

3.5. Semicondutores de intervalo de banda direto e indireto

A diferença entre o laser de semicondutores emissor de fotões e um díodo de junção semicondutor convencional emissor de fões (não emissor de luz) reside no tipo de semicondutor utilizado, um cuja estrutura física e atómica confere a possibilidade de emissão de fotões. Estes semicondutores emissores de fotões são os chamados semicondutores de "intervalo de banda direta". As propriedades do silício e do germânio, que são semicondutores de elemento único, têm intervalos de banda que não se alinham da forma necessária para permitir a emissão de fotões e não são considerados diretos. Outros materiais, os chamados semicondutores compostos, têm estruturas cristalinas praticamente idênticas às do silício ou do germânio, mas utilizam disposições alternadas de duas espécies atómicas diferentes num padrão tipo tabuleiro de xadrez para quebrar a simetria. A transição entre os materiais no padrão alternado cria a propriedade crítica do intervalo de banda direto. O arsenieto de gálio, o fosforeto de índio, o antimoneto de gálio e o nitreto de gálio são exemplos de materiais semicondutores compostos que podem ser utilizados para criar díodos de junção que emitem luz.

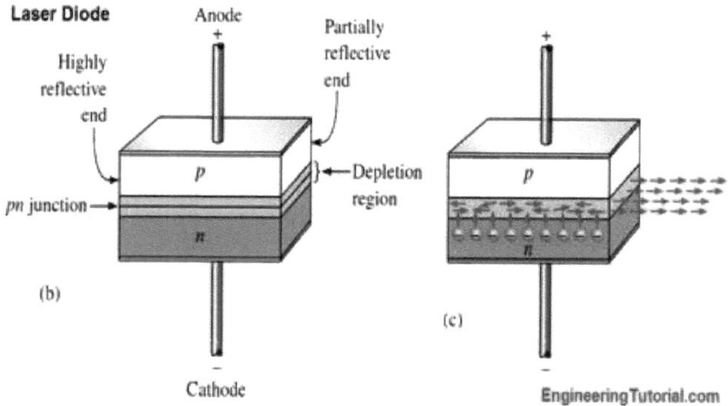

Diagrama de um díodo laser simples, como o apresentado acima; não à escala
Um díodo laser simples e de baixa potência com invólucro metálico.

3.6.   Geração de emissões estimuladas

Na ausência de condições de emissão estimulada (por exemplo, lasing), os electrões e os buracos podem coexistir na proximidade uns dos outros, sem se recombinarem, durante um determinado período de tempo, denominado tempo de vida do estado superior ou tempo de recombinação (cerca de um nanossegundo para os materiais típicos de laser de díodo), antes de se recombinarem. Um fotão próximo com energia igual à energia de recombinação pode provocar a recombinação por emissão estimulada. Isto gera outro fotão com a mesma frequência, polarização e fase, viajando na mesma direção que o primeiro fotão. Isto significa que a emissão estimulada causará um ganho numa onda ótica (do comprimento de onda correto) na região de injeção, e o ganho aumenta à medida que o número de electrões e buracos injectados através da junção aumenta. Os processos de emissão espontânea e estimulada são muito mais eficientes nos semicondutores de intervalo de banda direto do que nos semicondutores de intervalo de banda indireto, pelo que o silício não é um material comum para díodos laser.

3.7. Cavidade ótica e modos laser

Tal como noutros lasers, a região de ganho é rodeada por uma cavidade ótica para formar um laser. Na forma mais simples de díodo laser, é feita uma guia de ondas ótica na superfície do cristal, de modo a que a luz fique confinada a uma linha relativamente estreita. As duas extremidades do cristal são cortadas para formar arestas paralelas perfeitamente lisas, formando um ressonador Fabry-Pérot. Os fotões emitidos num modo da guia de ondas viajam ao longo da guia de ondas e são reflectidos várias vezes de cada face da extremidade antes de saírem. À medida que uma onda de luz atravessa a cavidade, é amplificada por emissão estimulada, mas a luz também se perde devido à absorção e à reflexão incompleta das faces terminais. Finalmente, se a amplificação for maior do que a perda, o díodo começa a fazer lase.

Algumas propriedades importantes dos díodos laser são determinadas pela geometria da cavidade ótica. Geralmente, a luz está contida numa camada muito fina, e a estrutura suporta apenas um único modo ótico na direção perpendicular às camadas. Na direção transversal, se a guia de ondas for larga em comparação com o comprimento de onda da luz, então a guia de ondas pode suportar múltiplos modos ópticos transversais, e o laser é conhecido como multimodo. Estes lasers multimodo transversais são adequados nos casos em que é necessária uma potência muito elevada, mas não um pequeno feixe TEM00 limitado pela difração; por exemplo, na impressão, na ativação de produtos químicos, na microscopia ou no bombeamento de outros tipos de lasers.

Nas aplicações em que é necessário um pequeno feixe focado, a guia de ondas deve ser estreita, da ordem do comprimento de onda ótico. Desta forma, apenas um único modo transversal é suportado e obtém-se um feixe limitado pela difração. Estes dispositivos de modo espacial único são utilizados para armazenamento ótico, ponteiros laser e fibras ópticas. Note-se que estes lasers podem ainda suportar múltiplos modos longitudinais, pelo que podem emitir um feixe de múltiplos comprimentos de onda em simultâneo. O comprimento de onda emitido é uma função do intervalo de banda do material semiconductor e dos modos da cavidade ótica. Em geral, o ganho máximo ocorrerá para os fotões com energia ligeiramente superior à energia do intervalo de bandas, e os modos mais próximos do pico da curva de ganho serão os que emitem mais fortemente. A largura da curva de ganho determinará o número de modos laterais adicionais que também podem sofrer lase, dependendo das condições de funcionamento. Os lasers de modo espacial único que podem suportar vários modos longitudinais são designados lasers Fabry Perot (FP). Um laser FP produzirá lase em múltiplos modos de cavidade dentro da largura de banda de ganho do meio de lasing. O número de modos de laserização num laser FP é normalmente instável e pode flutuar devido a alterações na corrente ou na temperatura.

Os lasers de díodo de modo espacial único podem ser concebidos de modo a funcionarem num único modo longitudinal. Estes lasers de díodos de frequência única apresentam um elevado grau de estabilidade e são utilizados em espetroscopia e metrologia, bem como como referências de frequência. Os lasers de díodos de frequência única são classificados como lasers de retorno distribuído (DFB) ou lasers de refletor de Bragg distribuído (DBR).

3.8. Formação do feixe de laser

Devido à difração, o feixe diverge (expande-se) rapidamente depois de deixar o chip, normalmente a 30 graus na vertical e a 10 graus na lateral. É necessário utilizar uma lente para formar um feixe colimado como o produzido por um ponteiro laser. Se for necessário um feixe circular, são utilizadas lentes cilíndricas e outras ópticas. No caso dos lasers de modo espacial único, utilizando lentes simétricas, o feixe colimado acaba por ter uma forma elíptica, devido à diferença entre as divergências vertical e lateral. Este facto é facilmente observável com um ponteiro laser vermelho. O eixo longo da elipse é perpendicular ao plano do chip.

O díodo simples acima descrito foi fortemente modificado nos últimos anos para se adaptar à tecnologia moderna, dando origem a uma variedade de tipos de díodos laser, como se descreve a seguir.

3.9. História

Nick Holonyak, inventor do primeiro díodo laser semicondutor de comprimento de onda visível
Na sequência dos trabalhos teóricos de M.G. Bernard, G. Duraffourg e William P. Dumke no início da década de 1960, a emissão coerente de luz a partir de um díodo semicondutor de arsenieto de gálio (GaAs) (um díodo laser) foi demonstrada em 1962 por dois grupos norte-americanos liderados por Robert N. Hall no centro de investigação da General Electric [5] e por Marshall Nathan no centro de investigação T.J. Watson da IBM [6]. Tem havido um debate permanente sobre se foi a IBM ou a GE que inventou o primeiro díodo laser, que se baseou em grande parte no trabalho teórico de William P. Dumke no Laboratório Kitchawan da IBM (atualmente conhecido como Centro de Investigação Thomas J. Watson) em Yorktown Heights, NY. A prioridade é dada ao grupo da General Electric, que obteve

e apresentou os seus resultados mais cedo; também foi mais longe e construiu uma cavidade ressonante para o seu díodo [7]. Inicialmente, Ben Lax, do MIT, entre outros físicos importantes, especulou que o silício ou o germânio poderiam ser utilizados para criar um efeito de lasing, mas as análises teóricas convenceram William P. Dumke de que estes materiais não funcionariam. Em vez disso, sugeriu o arsenieto de gálio como um bom candidato. O primeiro díodo laser de comprimento de onda visível foi demonstrado por Nick Holonyak, Jr. em 1962, utilizando uma liga de arsenieto de gálio e fosforeto [8].

Outras equipas do MIT Lincoln Laboratory, Texas Instruments e RCA Labora-tories estiveram também envolvidas e receberam crédito pelas suas históricas demonstrações iniciais de emissão de luz eficiente e de lasing em díodos semicondutores em 1962 e posteriormente. Os lasers de GaAs foram também produzidos no início de 1963 na União Soviética pela equipa liderada por Nikolay Basov [9].

No início dos anos 60, a epitaxia em fase líquida (LPE) foi inventada por Herbert Nelson dos Laboratórios RCA. Ao colocar em camadas cristais da mais alta qualidade com diferentes composições, permitiu a demonstração de materiais laser semicondutores de heterojunção da mais alta qualidade durante muitos anos. O LPE foi adotado por todos os principais laboratórios do mundo e utilizado durante muitos anos. Foi finalmente suplantada na década de 1970 pela epitaxia por feixe molecular e pela deposição de vapor químico organometálico.

Os lasers de díodos dessa época funcionavam com densidades de corrente de limiar de 1000 A/cm2 a temperaturas de 77 K. Este desempenho permitiu a demonstração do laser contínuo nos primeiros tempos. No entanto, quando funcionavam à temperatura ambiente, cerca de 300 K, as densidades de corrente de limiar eram duas ordens de grandeza superiores, ou seja, 100 000 A/cm2 nos melhores dispositivos. O desafio dominante para o resto da década de 1960 foi obter uma baixa densidade de corrente de limiar a 300 K e, assim, demonstrar a laserização de onda contínua à temperatura ambiente a partir de um laser de díodo.

Os primeiros lasers de díodos eram díodos de homojunção. Ou seja, o material (e, por conseguinte, o intervalo de banda) da camada central do guia de ondas e o das camadas de revestimento circundantes eram idênticos. Reconheceu-se que existia uma oportunidade, particularmente proporcionada pela utilização de epitaxia em fase líquida utilizando arsenieto de alumínio e gálio, para introduzir heterojunções. As heteroestruturas são constituídas por camadas de cristais semicondutores com um intervalo de banda e um índice de refração variáveis. As heterojunções (formadas a partir de heteroestruturas) foram reconhecidas por Herbert Kroemer, enquanto trabalhava nos Laboratórios RCA em meados da década de 1950, como tendo vantagens únicas para vários tipos de dispositivos electrónicos e optoelectrónicos, incluindo lasers de díodos. A LPE proporcionou a tecnologia de fabrico de lasers de díodos de heterojunção. Em 1963, propôs o laser de dupla heteroestrutura.

Os primeiros lasers de díodos de heterojunção eram lasers de heterojunção simples. Estes lasers utilizavam injectores de alumínio e arsenieto de gálio do tipo p situados sobre camadas de arsenieto de gálio do tipo n crescidas no substrato por LPE. Uma mistura de alumínio substituiu o gálio no cristal semicondutor e aumentou o intervalo de banda do injetor de tipo p em relação ao das camadas de tipo n por baixo. Funcionou; as correntes de limiar a 300 K baixaram 10 vezes, para 10 000 amperes por centímetro quadrado. Infelizmente, este valor ainda não estava na gama necessária e estes lasers de díodos de estrutura simples não funcionavam em onda contínua à temperatura ambiente.

A inovação que respondeu ao desafio da temperatura ambiente foi o laser de dupla hetero-estrutura. O truque consistia em mover rapidamente a bolacha no aparelho LPE entre diferentes fusões de arsenieto de gálio de alumínio (tipo p e tipo n) e uma terceira fusão de arsenieto de gálio. Tinha de ser feito rapidamente, uma vez que a região do núcleo de arsenieto de gálio tinha de ter uma espessura significativamente inferior a 1 μm. O primeiro díodo laser a atingir o funcionamento em onda contínua foi uma dupla heteroestrutura demonstrada em 1970, essencialmente em simultâneo por Zhores Alferov e colaboradores (incluindo Dmitri Z. Garbuzov) da União Soviética, e por Morton Panish e Izuo Hayashi, que trabalhavam nos Estados Unidos. No entanto, é amplamente aceite que Zhores I. Alferov e a sua equipa foram os primeiros a atingir este marco [10].

Pelo seu feito e o dos seus colaboradores, Alferov e Kroemer partilharam o Prémio Nobel da Física de 2000.

3.10. Tipos

A estrutura simples do díodo laser, descrita acima, é ineficiente. Estes dispositivos requerem tanta potência que só podem funcionar em regime pulsado sem sofrer danos. Embora historicamente importantes e fáceis de explicar, estes dispositivos não são práticos.

3.10.1. Lasers de dupla heteroestrutura

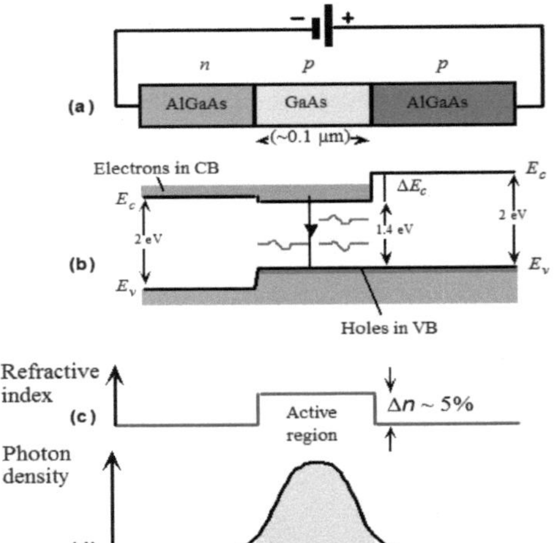

Diagrama da vista frontal de um díodo laser de dupla heteroestrutura; não à escala.

Nestes dispositivos, uma camada de material de baixo desnível de banda é ensanduichada entre duas camadas de elevado desnível de banda. Um par de materiais comummente utilizado é o arsenieto de gálio (GaAs) e o arsenieto de alumínio e gálio (Al$_x$Ga$_{(1-x)}$As). Cada uma das junções entre diferentes materiais de bandgap é designada por heteroestrutura, daí o nome laser de dupla heteroestrutura (DH). O tipo de díodo laser descrito na primeira parte do artigo pode ser referido como um laser de homojunção, para contrastar com estes dispositivos mais populares.

A vantagem de um laser DH é que a região onde existem simultaneamente electrões livres e buracos - a região ativa - está confinada à fina camada intermédia. Isto significa que muitos mais pares de electrões e buracos podem contribuir para a amplificação - não são deixados de fora na periferia pouco amplificadora. Além disso, a luz é reflectida dentro da heterojunção; assim, a luz é confinada à região onde ocorre a amplificação.

3.10.2. Lasers de poços quânticos

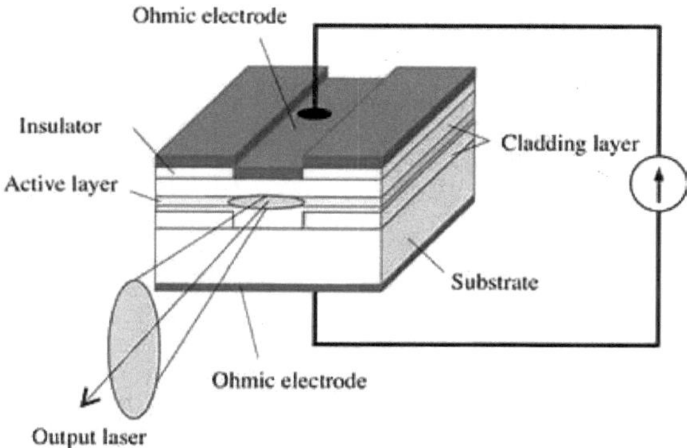

Diagrama da vista frontal de um díodo laser simples de poço quântico.

Se a camada intermédia for suficientemente fina, actua como um poço quântico. Isto significa que a variação vertical da função de onda do eletrão, e portanto uma componente da sua energia, é quantizada. A eficiência de um laser de poço quântico é maior do que a de um laser em massa porque a função de densidade de estados dos electrões no sistema de poço quântico tem um bordo abrupto que concentra os electrões em estados de energia que contribuem para a ação do laser.

Os lasers que contêm mais de uma camada de poços quânticos são conhecidos como lasers de poços quânticos múltiplos. Os poços quânticos múltiplos melhoram a sobreposição da região de ganho com o modo de guia de ondas ótico.

Foram também demonstradas outras melhorias na eficiência do laser, reduzindo a camada do poço quântico a um fio quântico ou a um mar de pontos quânticos.

3.10.3. Lasers quânticos em cascata

Num laser de cascata quântica, a diferença entre os níveis de energia dos poços quânticos é utilizada para a transição do laser, em vez do intervalo de banda. Isto permite a ação laser em comprimentos de onda relativamente longos, que podem ser ajustados simplesmente alterando a espessura da camada. Trata-se de lasers de heterojunção.

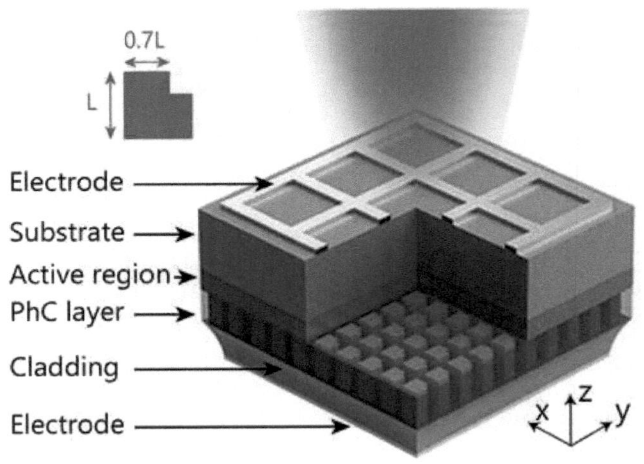

3.10.4. Lasers em cascata interbanda

Um laser em cascata interbanda (ICL) é um tipo de díodo laser que pode produzir radiação coerente numa grande parte da região do infravermelho médio do espetro eletromagnético.

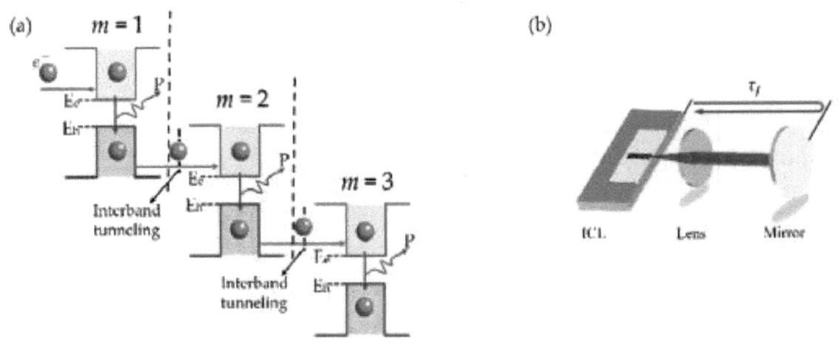

3.10.5. Lasers de Heteroestrutura de Confinamento Separado

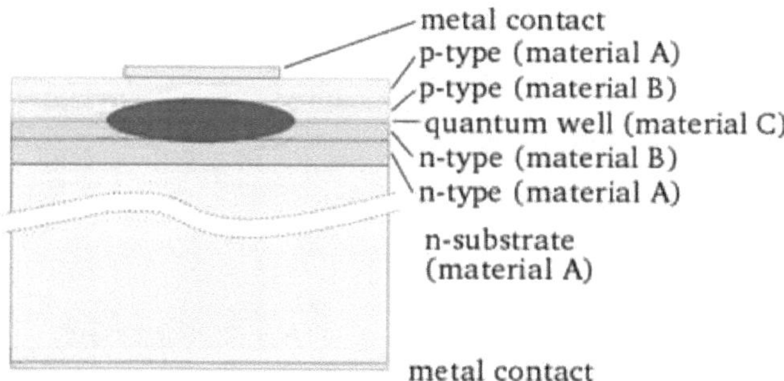

**Diagrama da vista frontal de uma hetero-estrutura de confinamento separada
Díodo laser de poço quântico.**

O problema com o simples díodo de poço quântico descrito acima é que a camada fina é simplesmente demasiado pequena para confinar eficazmente a luz. Para compensar, são adicionadas mais duas camadas, para além das três primeiras. Estas camadas têm um índice de refração mais baixo do que as camadas centrais e, por conseguinte, confinam a luz de forma eficaz. Este tipo de conceção é designado por díodo laser com hetero-estrutura de confinamento separada (SCH). Desde os anos 90, quase todos os díodos laser comerciais são díodos de poços quânticos SCH.

3.10.6.   Lasers de Reflectores de Bragg Distribuídos

Um laser de refletor de Bragg distribuído (DBR) é um tipo de díodo laser de frequência única [11]. Caracteriza-se por uma cavidade ótica que consiste numa região de ganho bombeada eléctrica ou opticamente entre dois espelhos para fornecer feedback. Um dos espelhos é um refletor de banda larga e o outro espelho é seletivo em termos de comprimento de onda, de modo a que o ganho seja favorecido num único modo longitudinal, resultando em lasing numa única frequência recorrente. O espelho de banda larga é normalmente revestido com um revestimento de baixa refletividade para permitir a emissão. O espelho seletivo de comprimento de onda é uma grelha de difração estruturada periodicamente com elevada refletividade. A grelha de difração encontra-se numa região não bombeada, ou passiva, da cavidade. Um laser DBR é um dispositivo monolítico de pastilha única com a grelha gravada no semicondutor. Os lasers DBR podem ser lasers de emissão de bordas ou VCSELs. As arquitecturas híbridas alternativas que partilham a mesma topologia incluem os lasers de díodos de cavidade alargada e os lasers de grelha de Bragg em volume, mas estes não são propriamente designados lasers DBR.

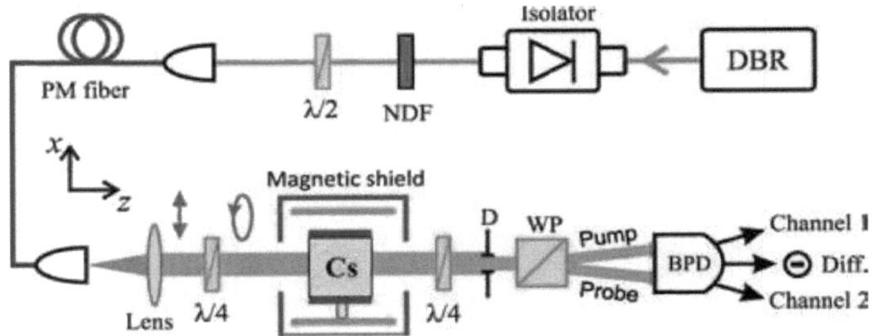

3.10.7.   Lasers de retorno distribuído

Um laser de retorno distribuído (DFB) é um tipo de díodo laser de frequência única [11]. Os DFBs são o tipo de transmissor mais comum nos sistemas DWDM. Para estabilizar o comprimento de onda de laser, é gravada uma grelha de difração perto da junção p-n do díodo. Esta grelha actua como um filtro ótico, fazendo com que um único comprimento de onda seja alimentado de volta para a região de ganho e lase. Uma vez que a grelha fornece o feedback necessário para a lase, não é necessária a reflexão das facetas. Assim, pelo menos uma faceta de um DFB é revestida de antirreflexo. O laser DFB tem um comprimento de onda estável que é definido durante o fabrico pelo passo da grelha, e só pode ser ligeiramente ajustado com a temperatura. Os lasers DFB são amplamente utilizados em aplicações de comunicações ópticas em que um comprimento de onda preciso e estável é fundamental.

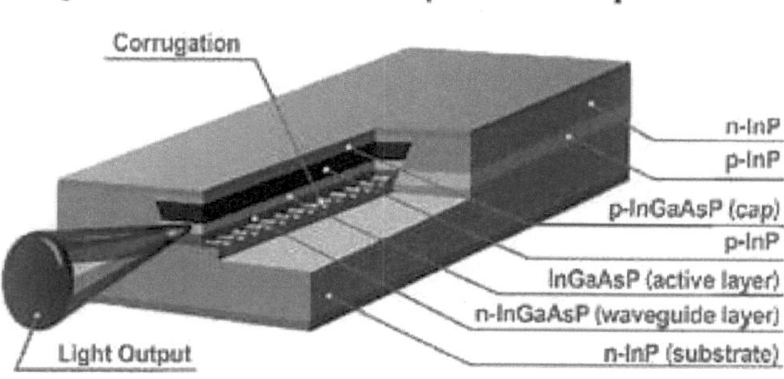

Fig. 4. Distributed feedback laser structure [30]

A corrente de limiar deste laser DFB, com base na sua caraterística estática, é de cerca de 11 mA. Foram propostas várias técnicas para melhorar o funcionamento monomodo deste tipo de lasers, inserindo um desvio de uma fase (1PS) ou um desvio de múltiplas fases (MPS) na rede de Bragg uniforme [12]. No entanto, os lasers DFB com deslocamento de fase múltipla representam a solução óptima, uma vez que combinam uma maior taxa de supressão de modo lateral e uma menor queima de orifícios espaciais.

3.10.8. Laser de emissão de superfície de cavidade vertical

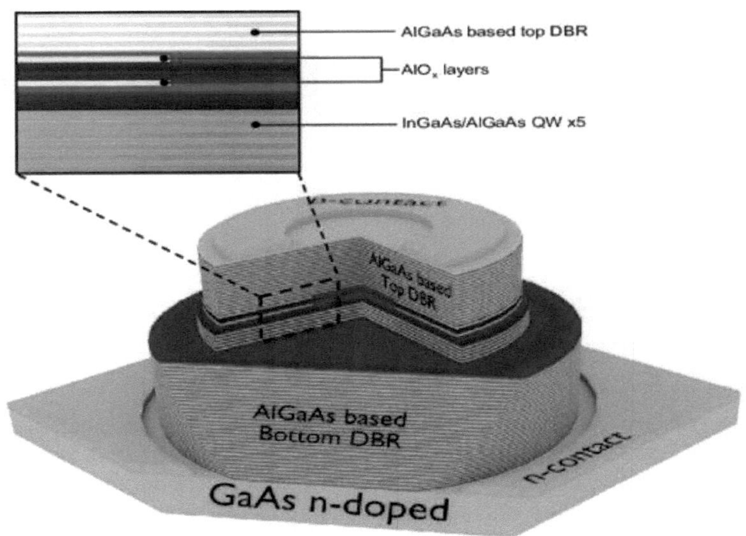

Diagrama de uma estrutura VCSEL simples; não à escala

Os lasers de emissão de superfície de cavidade vertical (VCSEL) têm o eixo da cavidade ótica ao longo da direção do fluxo de corrente em vez de perpendicular ao fluxo de corrente como nos díodos laser convencionais. O comprimento da região ativa é muito curto em comparação com as dimensões laterais, de modo que a radiação emerge da superfície da cavidade e não do seu bordo, como se mostra na figura. Os reflectores nas extremidades da cavidade são espelhos dieléctricos feitos de multicamadas espessas de um quarto de onda de índice de refração alternadamente alto e baixo.

Estes espelhos dieléctricos proporcionam um elevado grau de reflexão selectiva do comprimento de onda no comprimento de onda λ da superfície livre requerido, se as espessuras das camadas alternadas d1 e d2 com índices de refração n1 e n2 forem tais que n1d1 + n2d2 = $\lambda/2$, o que conduz à interferência construtiva de todas as ondas parcialmente reflectidas nas interfaces. Mas há uma desvantagem: devido às elevadas reflectividades dos espelhos, os VCSELs têm potências de saída inferiores quando comparados com os lasers emissores de borda.

Existem várias vantagens na produção de VCSELs quando comparada com o processo de produção de lasers emissores de borda. Os emissores de borda não podem ser testados até ao final do processo de produção. Se o emissor de borda não funcionar, seja devido a maus contactos ou a uma má

112

qualidade de crescimento do material, o tempo de produção e os materiais de processamento são desperdiçados.

Além disso, uma vez que os VCSELs emitem o feixe perpendicularmente à região ativa do laser e não paralelamente, como acontece com um emissor de borda, dezenas de milhares de VCSELs podem ser processados simultaneamente numa bolacha de arsenieto de gálio de três polegadas. Além disso, embora o processo de produção de VCSEL seja mais intensivo em termos de mão de obra e de material, o rendimento pode ser controlado para se obter um resultado mais previsível. No entanto, apresentam normalmente um nível de potência de saída inferior.

3.10.9. Laser de emissão de superfície de cavidade externa vertical

Os lasers verticais de emissão de superfície de cavidade externa, ou VECSELs, são semelhantes aos VCSELs. Nos VCSELs, os espelhos são normalmente cultivados epitaxialmente como parte da estrutura do díodo, ou cultivados separadamente e ligados diretamente ao semicondutor que contém a região ativa. Os VECSELs distinguem-se por uma construção em que um dos dois espelhos é externo à estrutura do díodo. Como resultado, a cavidade inclui uma região de espaço livre. Uma distância típica entre o díodo e o espelho externo seria de 1 cm.

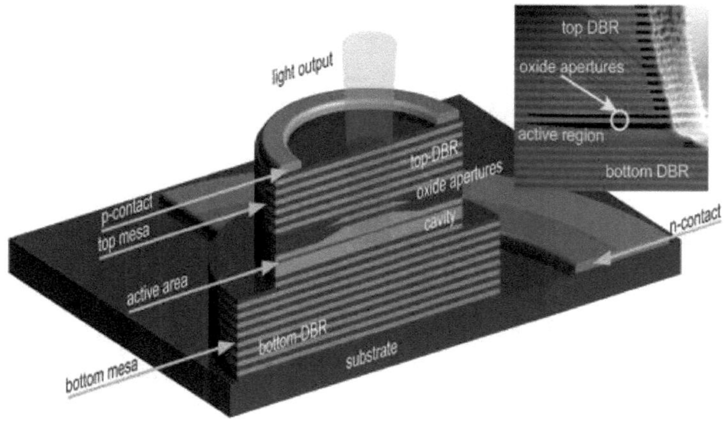

Uma das caraterísticas mais interessantes de qualquer VECSEL é a pequena espessura da região de ganho do semicondutor na direção de propagação, inferior a 100 nm. Em contraste, um laser semicondutor convencional no plano implica a propagação da luz ao longo de distâncias de 250 µm para cima até 2 mm ou mais. O significado da curta distância de propagação é que faz com que o efeito das não-linearidades anti-guia na região de ganho do laser de díodo seja minimizado. O resultado é um feixe ótico monomodo de grande secção transversal que não é possível obter com lasers de díodo no plano ("emissores de bordos").

Vários trabalhadores demonstraram VECSELs bombeados opticamente, e estes continuam a ser desenvolvidos para muitas aplicações, incluindo fontes de alta potência para utilização em maquinagem industrial (corte, perfuração, etc.) devido à sua potência e eficiência invulgarmente elevadas quando bombeados por barras laser de díodos múltiplos. No entanto, devido à ausência de junção p-n, os VECSELs bombeados opticamente não são considerados lasers de díodo e são classificados como lasers de semicondutores.

Foram também demonstrados VECSELs bombeados eletricamente. As aplicações para VECSELs com bombeamento elétrico incluem ecrãs de projeção, servidos por duplicação de frequência de emissores VECSEL de infravermelhos próximos para produzir luz azul e verde.

3.10.10.   Lasers de díodo de cavidade externa

Os lasers de díodos de cavidade externa são lasers sintonizáveis que utilizam principalmente díodos de heteroestruturas duplas do tipo AlxGa(1-x)As. Os primeiros lasers de díodos de cavidade externa utilizavam etalões intracavitários [13] e grelhas de Littrow de sintonização simples [14]. Outras concepções incluem grelhas em configuração de incidência de rasto, configurações de grelha de prisma múltiplo e configuração de laser de díodo piezo-transduzido [15, 16].

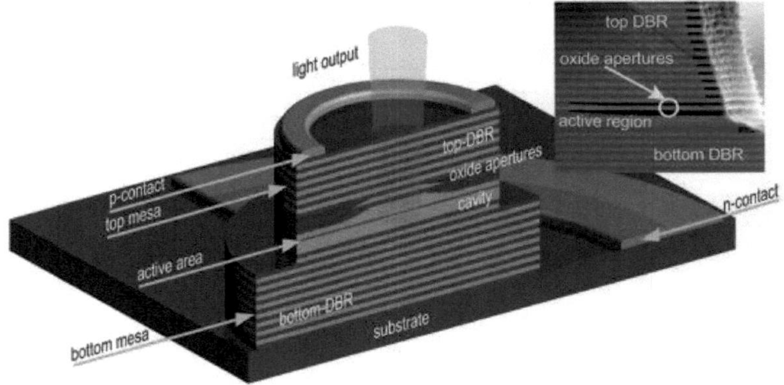

3.11. Fiabilidade

114

Os díodos laser têm os mesmos problemas de fiabilidade e de avaria que os díodos emissores de luz. Além disso, estão sujeitos a danos ópticos catastróficos (COD) quando funcionam a potências mais elevadas.

Muitos dos avanços na fiabilidade dos lasers de díodo nos últimos 20 anos continuam a ser propriedade dos seus criadores. A engenharia inversa nem sempre é capaz de revelar as diferenças entre produtos laser de díodo mais fiáveis e menos fiáveis.

Os lasers de semicondutores podem ser lasers de emissão de superfície, como os VCSEL, ou lasers de emissão de bordo no plano. No caso dos lasers de emissão de borda, o espelho da faceta de borda é frequentemente formado pela clivagem da pastilha semicondutora para formar um plano de reflexão especular [1]: 24 Esta abordagem é facilitada pela fraqueza do plano cristalográfico [110] nos cristais semicondutores III-V (como GaAs, InP, GaSb, etc.) em comparação com outros planos.

Os estados atómicos no plano de clivagem são alterados em comparação com as suas propriedades globais no interior do cristal, devido à terminação da rede perfeitamente periódica nesse plano. Os estados de superfície no plano clivado têm níveis de energia dentro do intervalo de banda (de outro modo proibido) do semicondutor.

Consequentemente, quando a luz se propaga através do plano de clivagem e transita para o espaço livre a partir do interior do cristal semicondutor, uma fração da energia luminosa é absorvida pelos estados de superfície, onde é convertida em calor por interações fão-eletrão. Isto aquece o espelho clivado. Além disso, o espelho pode aquecer simplesmente porque a extremidade do laser de díodo - que é bombeado eletricamente - está em contacto menos que perfeito com o suporte que fornece um caminho para a remoção do calor. O aquecimento do espelho faz com que o intervalo de banda do semicondutor diminua nas áreas mais quentes. O encolhimento do intervalo de banda faz com que mais transições electrónicas de banda para banda se alinhem com a energia do fotão, causando ainda mais absorção. Isto é um descontrolo térmico, uma forma de feedback positivo, e o resultado pode ser a fusão da faceta, conhecida como dano ótico catastrófico, ou COD.

Nos anos 70, este problema, que é particularmente incómodo para os lasers baseados em GaAs que emitem entre 0,630 µm e 1 µm de comprimento de onda (menos para os lasers baseados em InP utilizados em telecomunicações de longo curso que emitem entre 1,3 µm e 2 µm), foi identificado. Michael Ettenberg, investigador e mais tarde vice-presidente do Centro de Investigação David Sarnoff dos Laboratórios RCA em Princeton, Nova Jérsia, concebeu uma solução. Uma fina camada de óxido de alumínio foi depositada na faceta. Se a espessura do óxido de alumínio for escolhida corretamente, funciona como um revestimento antirreflexo, reduzindo a reflexão na superfície. Isto aliviou o aquecimento e o CQO na faceta.

No início dos anos 90, a SDL, Inc. começou a fornecer lasers de díodo de alta potência com boas caraterísticas de fiabilidade. O CEO Donald Scifres e o CTO David Welch apresentaram novos dados de desempenho de fiabilidade, por exemplo, nas conferências SPIE Photonics West da época. Os métodos utilizados pela SDL para derrotar o COD eram considerados altamente proprietários e ainda não tinham sido divulgados publicamente em junho de 2006.

Em meados da década de 1990, a IBM Research (Ruschlikon, Suíça) anunciou que tinha concebido o seu chamado processo E2, que conferia uma extraordinária resistência à CQO em lasers baseados em GaAs. Também este processo não foi divulgado em junho de 2006.

A fiabilidade das barras de bombeamento dos lasers de díodo de alta potência (utilizados para bombear lasers de estado sólido) continua a ser um problema difícil numa série de aplicações, apesar destes avanços proprietários. De facto, a física da falha do laser de díodo ainda está a ser trabalhada e a investigação sobre este assunto continua ativa, embora proprietária.

O prolongamento do tempo de vida dos díodos laser é fundamental para a sua adaptação contínua a uma grande variedade de aplicações.

3.12. Aplicações

Os díodos laser podem ser dispostos em conjuntos para produzir potências muito elevadas, em onda contínua ou pulsada. Os díodos laser são numericamente o tipo de laser mais comum, com vendas em 2004 de aproximadamente 733 milhões de unidades [17], em comparação com 131 000 de outros tipos de lasers [18].

3.12.1. Telecomunicações, digitalização e espetrometria

Os díodos laser são amplamente utilizados nas telecomunicações como fontes de luz facilmente moduláveis e facilmente acopláveis para comunicações por fibra ótica. São utilizados em vários instrumentos de medição, como os telémetros. Outra utilização comum é nos leitores de códigos de barras. Os lasers visíveis, normalmente vermelhos, mas mais tarde também verdes, são comuns como ponteiros laser. Os díodos de baixa e alta potência são amplamente utilizados na indústria gráfica, quer como fontes de luz para a digitalização (entrada) de imagens, quer para o fabrico de chapas de impressão de alta velocidade e alta resolução (saída). Os díodos laser infravermelhos e vermelhos são comuns nos leitores de CD, CD-ROM e tecnologia DVD. Os lasers violeta são utilizados na tecnologia HD DVD e Blu-ray. Os díodos laser têm também muitas aplicações na espetrometria de absorção laser (LAS) para avaliação ou monitorização de alta velocidade e baixo custo da concentração de várias espécies em fase gasosa. Os díodos laser de alta potência são utilizados em aplicações industriais como o tratamento térmico, o revestimento, a soldadura de juntas e o bombeamento de outros lasers, como os lasers de estado sólido de díodo-pomada.

As utilizações dos díodos laser podem ser classificadas de várias formas. A maior parte das aplicações poderia ser realizada com lasers de estado sólido de maiores dimensões ou com osciladores paramétricos ópticos, mas o baixo custo dos lasers de díodos produzidos em massa torna-os essenciais para as aplicações do mercado de massas. Os lasers de díodos podem ser utilizados em muitos domínios; uma vez que a luz tem muitas propriedades diferentes (potência, comprimento de onda, qualidade espetral e do feixe, polarização, etc.), é útil classificar as aplicações segundo estas propriedades básicas.

Muitas aplicações dos lasers de díodos utilizam principalmente a propriedade de energia dirigida de um feixe ótico. Nesta categoria, podemos incluir as impressoras laser, os leitores de códigos de barras, a digitalização de imagens, os iluminadores, os designadores, o registo de dados ópticos, a ignição por combustão, a cirurgia por laser, a triagem industrial, a maquinagem industrial, a transferência de energia sem fios (como o feixe de energia) e o armamento de energia dirigida. Algumas destas aplicações estão bem estabelecidas, enquanto outras estão a surgir.

3.12.2.   Utilizações médicas

Medicina laser: a medicina e especialmente a medicina dentária encontraram muitas novas utilizações para os lasers de díodo [19-24]. O tamanho e o custo cada vez menores [25] das unidades e a sua crescente facilidade de utilização tornam-nas muito atractivas para os médicos em procedimentos menores em tecidos moles. Os comprimentos de onda do laser de díodo variam entre 810 e 1100 nm, são pouco absorvidos pelos tecidos moles e não são utilizados para corte ou ablação [26-29]. Os tecidos moles não são cortados pelo feixe de laser, mas sim pelo contacto com uma ponta de vidro quente carbonizado [28, 29]. A irradiação do laser é altamente absorvida na extremidade distal da ponta e aquece-a até 500 °C a 900 °C. Devido ao facto de a ponta estar tão quente, pode ser utilizada para cortar tecidos moles e pode causar hemostasia através da cauterização e carbonização. Os lasers de díodo, quando utilizados em tecidos moles, podem causar danos térmicos colaterais extensos nos tecidos circundantes [28, 29].

Como a luz dos feixes laser é inerentemente coerente, certas aplicações utilizam a coerência dos díodos laser. Estas incluem a medição interferométrica de distâncias, a holo-grafia, as comunicações coerentes e o controlo coerente de reacções químicas. Os díodos laser são utilizados pelas suas propriedades espectrais estreitas nas áreas da localização de distâncias, telecomunicações, contramedidas de infravermelhos, deteção espectroscópica, geração de ondas de radiofrequência ou terahertz, preparação do estado do relógio atómico, criptografia de chaves quânticas, duplicação e conversão de frequências, purificação de água (no UV) e terapia fotodinâmica (em que um determinado comprimento de onda da luz faz com que uma substância como a porfirina se torne quimicamente ativa como agente anticancerígeno apenas quando o tecido é iluminado pela luz).

Os díodos laser são utilizados devido à sua capacidade de gerar impulsos de luz ultra-curtos através da técnica conhecida como bloqueio de modo. As áreas de utilização incluem a distribuição de relógios para circuitos integrados de elevado desempenho, fontes de elevada potência de pico para deteção de espetroscopia de rutura induzida por laser, geração de formas de onda arbitrárias para ondas de radiofrequência, amostragem fotónica para conversão analógico-digital e sistemas ópticos de acesso múltiplo por divisão de código para comunicações seguras.

3.13. Fotolitografia sem máscara

Os díodos laser são utilizados como fonte de luz para a fotolitografia sem máscara.

3.14. Comprimentos de onda comuns
3.14.1. Luz visível

- 405 nm: Laser azul-violeta InGaN, em unidades de Blu-ray Disc e HD DVD
- 445-465 nm: Díodo laser azul multimodo InGaN recentemente introduzido (2010) para utilização em projectores de dados de alto brilho sem mercúrio
- 488 nm: Laser verde-azul InGaN; tornou-se amplamente disponível em meados de 2018.

- 505 nm: Laser verde-azulado InGaN; também se tornou amplamente disponível em meados de 2018.
- 510-525 nm: Díodos verdes InGaN recentemente (2010) desenvolvidos pela Nichia e pela OSRAM para projectores laser [30].
- 635 nm: AlGaInP melhores apontadores laser vermelhos, mesma potência subjetivamente duas vezes mais brilhante que 650 nm
- 650-660 nm: Unidades de CD e DVD GaInP/AlGaInP, ponteiros laser vermelhos baratos
- 670 nm: Leitores de códigos de barras AlGaInP, primeiros ponteiros laser de díodo (atualmente obsoletos, substituídos por DPSS mais brilhantes de 650 nm e 671 nm)

3.14.2. Infravermelhos

- 760 nm: Deteção de gás AlGaInP: O2
- 785 nm: Unidades de disco compacto GaAlAs
- 808 nm: Bombas de GaAlAs em lasers DPSS Nd:YAG (por exemplo, em ponteiros laser verdes ou como agregados em lasers de maior potência)
- 848 nm: laser para ratos
- 980 nm: Bomba de InGaAs para amplificadores ópticos, para lasers DPSS Yb:YAG
- 1.064 nm: Comunicação por fibra ótica AlGaAs, frequência de bomba de laser DPSS
- 1.310 nm: Comunicação por fibra ótica InGaAsP, InGaAsN
- 1.480 nm: Bomba InGaAsP para amplificadores ópticos
- 1.512 nm: Deteção de gás InGaAsP: NH3
- 1.550 nm: Comunicação por fibra ótica InGaAsP, InGaAsNSb
- 1.625 nm: Comunicação por fibra ótica InGaAsP, canal de serviço
- 1.654 nm: Deteção de gás InGaAsP: CH4
- 1.877 nm: Deteção de gás GaInAsSb: H2O
- 2.004 nm: Deteção de gás GaInAsSb: CO2
- 2.330 nm: Deteção de gás GaInAsSb: CO
- 2.680 nm: Deteção de gás GaInAsSb: CO2
- 3.030 nm: Deteção de gás GaInAsSb: C2H2
- 3.330 nm: Deteção de gás GaInAsSb: CH4

3.15. Referências

[1]. Larry A. Coldren; Scott W. Corzine; Milan L. Mashanovitch (2 março 2012). Lasers de Diodo e Circuitos Fotónicos Integrados. John Wiley & Filhos. ISBN 978-1-118-14817-4.
[2]. Arrigoni, M. et al. (2009-09-28)

"Lasers de semicondutores com bombagem ótica: mercado científico de lasers com bombagem",
Laser Focus World.
[3].   "Laser de semicondutor bombeado opticamente (OPSL)",
FAQs sobre o Sam's Laser.
[4].   Livro branco da Coherent (2018-05). "Propriedades do feixe invariante de vantagens"
[5].   Hall, Robert N.; et al. (novembro de 1962).
"Emissão de luz coerente a partir de junções de GaAs". Physical Review
Letras. 9 (9): 366-8.
[6].   Nathan, Marshall I.; et al. (1962).
"Emissão Estimulada de Radiação de Junções GaAs p-n".
Applied Physics Letters. 1 (3): 62. Arquivado em 2011-05-03.
[7].   Transcrição da história oral - Dr. Marshall Nathan, Instituto Americano de Física.
[8].   "After Glow". Revista Illinois Alumni. maio-junho de 2007.
[9].   "Nicolay G. Basov". Nobelprize.org. Recuperado em 2009-06-06.
[10].   Chatak, Ajoy (2009). Ótica. Tata McGraw-Hill Education.
p. 1.14. ISBN 978-0-07-026215-7.
[11].   Hecht, Jeff (1992). The Laser Guidebook (Segunda ed.). New York:
McGraw-Hill, Inc. p. 317. ISBN 0-07-027738-9.
[12].   Bouchene, M.M.; Hamdi, R.; Zou, Q. (2017).
Análise teórica do laser monolítico de semicondutores de três segundos totalmente ativo".
Cartas   de   Fotónica   da   Polónia.   9   (4):   131–3.
doi:10.4302/plp.v9i4.785.
[13].   Voumard, C. (1977).
"Lasers de díodo GaAlAs cw de banda estreita de 32 MHz controlados por cavidade externa".
Optics Letters. 1 (2): 61-3.
[14].   Fleming, M. W.; Mooradian, A. (1981).
"Caraterísticas espectrais dos lasers de semicondutores controlados por cavidade externa".
IEEE J. Quantum Electron. 17: 44-59.
[15].   Zorabedian, P. (1995). "8". Em F. J. Duarte (ed.). Manual de Lasers Sintonizáveis.
Imprensa académica. ISBN 0-12-222695-X.
[16].   Duca, Lucia; Perego, Elia; Berto, Federico; Sias, Carlo (2021).
"Conceção de um laser de díodo do tipo Littrow com controlo independente do comprimento da cavidade e da rotação da grelha".
Cartas da Ótica. 46 (12): 2840-2843.
[17].   Steele, Robert V. (2005). "O mercado dos díodos-laser cresce a um ritmo mais lento".
Laser Focus World. 41 (2). Arquivo em 2006-04-08.

[18]. Kincade, Kathy; Anderson, Stephen (2005).
"Laser Marketplace 2005: As aplicações de consumo aumentam as vendas de laser em 10%".
Laser Focus World. 41 (1). Arquivado do original em 28 de junho de 2006.
[19]. Yeh, S; Jain, K; Andreana, S (2005).
"Utilização de um laser de díodo para revelar implantes dentários numa cirurgia de segunda fase".
Medicina Dentária Geral. 53 (6): 414-7. PMID 16366049.
[20]. Andreana, S (2005).
"A utilização de lasers de díodo na terapia periodontal: técnica sugerida".
Dentistry Today. 24 (11): 130, 132-5. PMID 16358809.
[21]. Borzabadi-Farahani A (2017).
"O laser de díodo adjuvante para tecidos moles em ortodontia".
Compend Contin Educ Dent. 37 (eBook 5): e18-e31. PMID 28509563.
[22]. Borzabadi-Farahani, A. (2022).
"Uma revisão de escopo da eficácia do laser de diodo com erupção retardada".
Fotónica. 9 (4): 265.
[23]. Deppe, Herbert; Horch, Hans-Henning (2007).
"Aplicações de laser em cirurgia oral e implantologia". Lasers em Ciência Médica. 22 (4): 217-221.
[24]. Borzabadi-Farahani, A (2024).
"Utilização do laser na ortodontia cirúrgica muco-gengival". Em Coluzzi, D.J.;
Parker, S.P.A. (eds.). Lasers em Medicina Dentária - Conceitos actuais. Livros de texto em
Dentisteria Contemporânea (2ª ed.). Springer, Cham. pp. 379-398.
[25]. Feuerstein, Paul (maio de 2011). "Corta como uma faca". Economia Dentária.
Recuperado em 2016-04-12.
[26]. Wright, V. Cecil; Fisher, John C. (1993-01-01).
Cirurgia a laser em ginecologia: A Clinical Guide. Saunders. pp. 58-81. ISBN 9780721640075.
[27]. Shapshay, S. M. (1987-06-16). Manual de Cirurgia Endoscópica a Laser. CRC
Press. pp. 1-130. ISBN 9780824777111.
[28]. Romanos, Georgios E. (2013-12-01).
"Cirurgia de tecidos moles com laser de díodo: avanços que visam resultados clínicos".
Compêndio de Formação Contínua em Medicina Dentária. 34 (10): 752-7, questionário
758. PMID 24571504.

[29]. Vitruk, PP (2015).
"Espectros de eficiências ablativas e coagulativas do laser para tecidos moles orais".
Implant Practice US. 7 (6): 19-27.
[30]. Lingrong Jian; et al. (2016).
"Díodos laser verdes baseados em GaN". Journal of Semiconductors. 37 (11):
111001.

Capítulo (4)
Aplicações dos lasers no fabrico

4.1. Prefácio

Os lasers são uma das ferramentas mais utilizadas atualmente no fabrico, especialmente porque o fabrico de aditivos e a Indústria 4.0 permitem aos engenheiros criar caraterísticas mais complexas e designs de produtos que exigem tolerâncias apertadas. A maquinação a laser pode criar caraterísticas finas que são difíceis ou impossíveis de realizar utilizando equipamento de maquinação tradicional, e os cortes a laser são super limpos, sem rebarbas ou efeitos de calor no material circundante - eliminando assim a necessidade de alguns passos de acabamento secundários.

Os processos laser estão a tornar-se as tecnologias de fabrico de eleição para os fabricantes de dispositivos médicos, à medida que estes concebem produtos mais pequenos e mais avançados. Continue a ler para conhecer as sete principais aplicações dos lasers no fabrico.

Os lasers são uma das ferramentas mais utilizadas no fabrico e podem criar caraterísticas finas que são difíceis ou impossíveis de realizar utilizando equipamento de maquinagem tradicional.

4.2. Marcação a laser

Os lasers são cada vez mais utilizados para imprimir números de identificação únicos (UID) em peças e produtos, o que permite a sua fácil localização em caso de recolha. As marcações a laser são altamente duradouras e, no caso dos dispositivos médicos, podem suportar muitos ciclos de esterilização. Tanto as informações legíveis por humanos como os códigos de barras, incluindo os códigos de lote e de lote e até os históricos de design, podem ser marcados a laser em produtos com geometrias de peças planas ou curvas.

4.3. Texturização de superfícies

Os lasers podem criar texturas ou microestruturas padronizadas nas superfícies de componentes ou produtos que melhoram o desempenho físico, tais como taxas de desgaste, aderência, propriedades ópticas e capacidade de carga. A microtexturação a laser pode criar rugosidades em implantes médicos que facilitam a fixação e o crescimento de novos tecidos ou ossos no novo implante, e podem ser produzidos padrões com caraterísticas tão pequenas como 10 μm com uma resolução de profundidade muito elevada.

4.4. Ablação por laser

Este método de maquinagem subtractiva vaporiza essencialmente o material com grande precisão, utilizando um feixe de laser. O comprimento do impulso, o comprimento de onda e a intensidade são ajustados de acordo com o material que está a ser processado. A ablação é especialmente útil para maquinar materiais sensíveis, tais como nanomateriais ou materiais supercondutores, porque o método sem contacto não altera a estrutura do material nem danifica a sua superfície com abrasão ou calor.

Os lasers são incrivelmente precisos na perfuração de microns furos numa vasta gama de materiais.

4.5. Perfuração a laser

Os lasers são incrivelmente precisos na perfuração de orifícios do tamanho de um mícron numa vasta gama de materiais, incluindo metais, polímeros e cerâmicas. Neste contexto, muitas das peças fabricadas atualmente requerem caraterísticas microscópicas que só podem ser criadas com perfuração a laser, afirmou Matt Nipper, diretor de engenharia da Laser Light Technologies, que entretanto foi adquirida pela Spectrum Plastics. "Podem ser produzidas caraterísticas muito pequenas e complexas numa variedade de materiais, com métodos como a escrita direta, a trepanação e a projeção de máscaras, sem efeitos de calor ou danos materiais."

4.6. Corte a laser

Semelhante à perfuração a laser, o corte a laser baseia-se num feixe de laser focado para fazer ablação do material, corte reto ou padrões de corte a profundidades muito precisas no material ou componente. Os lasers ultra-rápidos são normalmente utilizados para vários tipos de metais e polímeros, porque cortam arestas limpas e não criam zonas afectadas pelo calor.

Os lasers podem cortar uma grande variedade de materiais, incluindo alumínio, titânio e aço, com tolerâncias ao nível dos microns.

4.7. Soldadura a laser

Este processo é especialmente eficaz para produtos com geometrias complexas ou materiais diferentes que são difíceis de unir. Dependendo do produto, a soldadura a laser pode ser o melhor processo de união em comparação com a colagem ou a soldadura, especialmente para ligar metais e plásticos. Também cria soldaduras fortes e de alta precisão que podem ser tão pequenas como 0,004 polegadas e proporcionam uma qualidade repetível.

4.8. Decapagem de fios

A decapagem de fios remove secções de isolamento ou blindagem de fios e cabos para fornecer pontos de contacto eléctricos e preparar o fio para a terminação.

"A decapagem de fios a laser é um processo rápido que proporciona uma excelente precisão e controlo do processo e elimina o contacto com o fio, permitindo o processamento de fios delicados com bitolas superiores a 32 AWG", afirmou Nipper. "O isolamento pode ser removido com uma tolerância de 0,005 polegadas. A decapagem pode ser programada para abater a insu-lação em qualquer ponto ao longo do fio, permitindo remoções de alta precisão a meio do vão."

4.9. Novas aplicações de laser

Os lasers são peças-chave do equipamento para a Indústria 4.0, e os investigadores continuam a aprender a utilizá-los de forma mais eficaz nos processos de fabrico, incluindo velocidades mais rápidas. Por exemplo, em 2018, o National Institute of Standards and Technology (NIST) construiu um laser que pulsa 100 vezes mais rápido do que os lasers ultrarrápidos convencionais (pulsos que duram quadrilionésimos de segundo). Além disso, cientistas na Alemanha estão a fazer experiências com a integração de pequenos lasers diretamente em chips de silício para aumentar a velocidade de processamento.

Outra área de investigação é a utilização da inteligência artificial (IA) para criar lasers inteligentes que "compreendem" o material que está a ser processado e quando o processo está concluído. O fabricante alemão de máquinas TRUMPF está a desenvolver um sistema laser que utiliza a IA para determinar os melhores pontos de soldadura para criar bobinas de cobre para a indústria automóvel.

À medida que mais empresas adoptam a Indústria 4.0. - incluindo a IA, as tecnologias de sensores e o fabrico de aditivos, os lasers terão um papel cada vez mais importante no fabrico moderno.

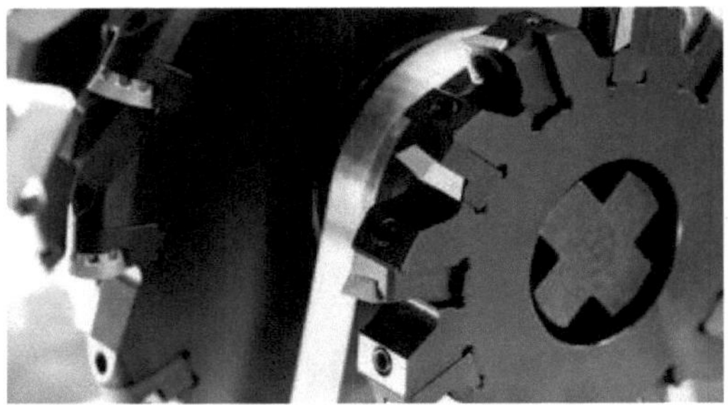

Algumas células têm muitas décadas de idade. A digitalização de componentes poderia permitir aos pequenos fabricantes produzir peças de substituição.

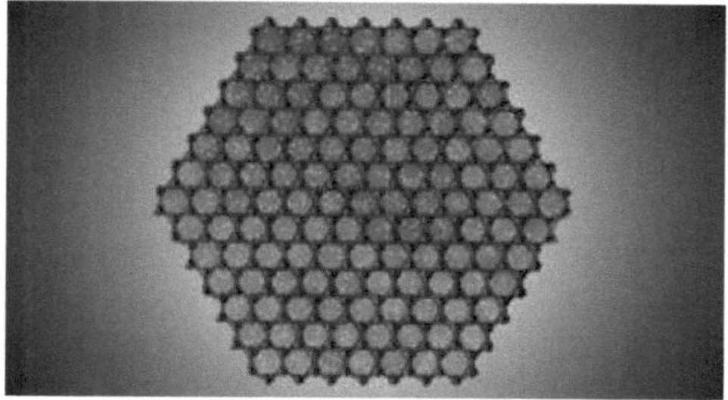

A contaminação por oxigénio produz amostras imperfeitas do super-material rico em carbono.

Desde a invenção do laser em 1958,foram desenvolvidas muitas aplicações laser científicas, militares, médicas e comerciais. A coerência, a elevada monocromaticidade e a capacidade de atingir potências extremamente elevadas são propriedades que permitem estas aplicações especializadas.

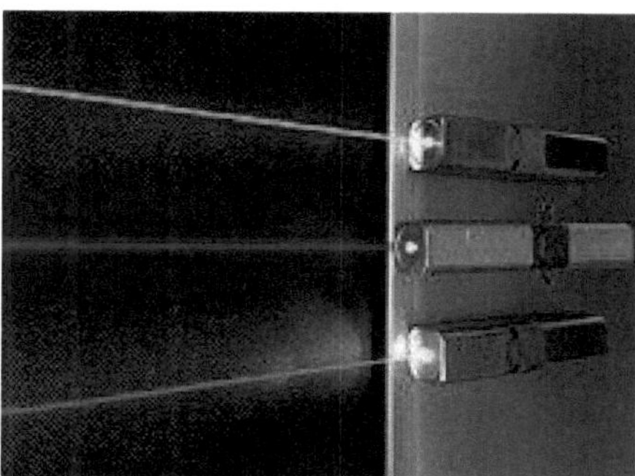

Apontadores laser em várias cores.

4.10. Científico

Na ciência, os lasers são utilizados de muitas formas, incluindo:

- Uma grande variedade de técnicas interferométricas
- Espectroscopia Raman
- Espectroscopia de rutura induzida por laser
- Deteção remota da atmosfera
- Investigação de fenómenos de ótica não linear
- As técnicas holográficas que utilizam lasers contribuem igualmente para uma série de técnicas de medição.
- Aplicações da tecnologia lidar baseada em laser (LIght raDAR) em geologia, sismologia, deteção remota e física atmosférica.

- Modificações estruturais tridimensionais e escrita no interior de materiais tecnológicos [1].
- Os lasers têm sido utilizados a bordo de naves espaciais, como na missão Cassini-Huy-gens [2].
- Em astronomia, os lasers têm sido utilizados para criar estrelas-guia artificiais a laser, utilizadas como objectos de referência para telescópios de ótica adaptativa.

Os lasers podem também ser utilizados indiretamente em espetroscopia como um sistema de microamostragem, uma técnica denominada ablação por laser (LA), que é normalmente aplicada a aparelhos ICP-MS, dando origem ao poderoso LA-ICP-MS.

4.11. Espectroscopia

A maioria dos tipos de laser é uma fonte de luz inerentemente pura; emitem luz quase monocromática com uma gama de comprimentos de onda muito bem definida. Através de uma conceção cuidadosa dos componentes do laser, a pureza da luz laser (medida como a "largura de linha") pode ser melhorada mais do que a pureza de qualquer outra fonte de luz. Este facto torna o laser uma fonte muito útil para a espetroscopia. A elevada intensidade de luz que pode ser obtida num feixe pequeno e bem colimado pode também ser utilizada para induzir um efeito ótico não linear numa amostra, o que torna possíveis técnicas como a espetroscopia Raman. Outras técnicas espectroscópicas baseadas em lasers podem ser utilizadas para fabricar detectores extremamente sensíveis de várias moléculas, capazes de medir concentrações moleculares ao nível das partes por 1012 (ppt). Devido às elevadas densidades de potência alcançadas pelos lasers, é possível a emissão atómica induzida pelo feixe: esta técnica é designada por espetroscopia de rutura induzida por laser (LIBS) [1].

4.12. Tratamento térmico

O tratamento térmico com os lasers permite o endurecimento seletivo da superfície contra o desgaste com pouca ou nenhuma distorção do componente. Como isto elimina grande parte do retrabalho de peças que é feito atualmente, o custo de capital do sistema laser é recuperado num curto espaço de tempo. Foi também desenvolvido um revestimento inerte e absorvente para o tratamento térmico a laser que elimina os fumos gerados pelos revestimentos de tinta convencionais durante o processo de tratamento térmico com feixes de laser de CO_2.

Uma consideração crucial para o sucesso de uma operação de tratamento térmico é o controlo da irradiância do feixe de laser na superfície da peça. A distribuição óptima da irradiância é determinada pela termodinâmica da interação laser-material e pela geometria da peça. Normalmente, as irradiâncias entre 500 e 5000 W/cm^2 satisfazem os constrangimentos termodinâmicos e permitem o rápido aquecimento da superfície e o mínimo de calor total necessário. Para o tratamento térmico geral, um feixe quadrado ou retangular uniforme é uma das melhores opções. Para algumas aplicações especiais ou aplicações em que o tratamento térmico é efectuado numa aresta ou num canto da peça, pode ser melhor diminuir a irradiância perto da aresta para evitar a fusão.

4.13. Tempo

A investigação mostra que os cientistas poderão um dia ser capazes de induzir chuva e tempestades de raios (bem como micromanipular alguns outros fenómenos meteorológicos) utilizando lasers de alta energia. Este avanço poderia potencialmente erradicar secas, ajudar a aliviar catástrofes relacionadas com o clima e afetar recursos meteorológicos a áreas necessitadas [4, 5].

4.14. Laser Lunar Ranging

Quando os astronautas da Apollo visitaram a Lua, colocaram matrizes de retrorreflectores para tornar possível a Experiência Lunar de Rastreio por Laser. Os feixes de laser são focados através de grandes telescópios na Terra, apontados para as matrizes, e o tempo necessário para que o feixe seja refletido de volta para a Terra é medido para determinar a distância entre a Terra e a Lua com grande precisão.

4.15. Fotoquímica

Alguns sistemas laser, através do processo de bloqueio de modo, podem produzir impulsos de luz extremamente breves - tão curtos como picossegundos ou femtossegundos (10^{-12} - 10^{-15} segundos). Estes impulsos podem ser utilizados para iniciar e analisar reacções químicas, uma técnica conhecida como fotoquímica. Os impulsos curtos podem ser utilizados para sondar o processo da reação com uma resolução temporal muito elevada, permitindo a deteção de moléculas intermédias de vida curta. Este método é particularmente útil em bioquímica, onde é utilizado para analisar pormenores da dobragem e função das proteínas.

4.16. Scanner a laser

Os leitores de códigos de barras a laser são ideais para aplicações que requerem uma leitura de alta velocidade de códigos lineares ou símbolos empilhados.

4.17. Arrefecimento por laser

Uma técnica que tem tido sucesso recentemente é o arrefecimento por laser. Esta técnica envolve o aprisionamento de átomos, um método em que um certo número de átomos é confinado num arranjo de campos eléctricos e magnéticos com uma forma especial. A incidência de determinados comprimentos de onda de luz sobre os iões ou átomos torna-os mais lentos, arrefecendo-os assim. À medida que este processo prossegue, todos eles ficam mais lentos e têm o mesmo nível de energia, formando um arranjo invulgar de matéria conhecido como condensado de Bose-Einstein.

4.18. Fusão nuclear

Alguns dos mais potentes e complexos arranjos de múltiplos lasers e amplificadores ópticos do mundo são utilizados para produzir impulsos de luz de intensidade extremamente elevada e de duração extremamente curta, por exemplo, o laboratório de energia laser, a National Igni-tion Facility, o GEKKO XII, o laser Nike, o Laser Mégajoule, o HiPER. Estes impulsos são organizados de modo a incidirem simultaneamente em pastilhas de trítio-deutério de todas as direcções, na esperança de que o efeito de compressão dos impactos induza a fusão atómica nas pastilhas. Esta técnica, conhecida como "fusão por confinamento inercial", não conseguiu até agora atingir o "breakeven", ou seja, até agora a reação de fusão gera menos energia do que aquela que é utilizada para alimentar os lasers; no entanto, experiências realizadas na National Ignition Facility conseguiram demonstrar reacções de fusão que geram mais energia do que a contida nos lasers que conduzem a reação [6].

4.19. Aceleração de partículas

Lasers potentes que produzem impulsos laser ultra-curtos (na ordem das dezenas de femtossegundos) e ultra-intensos (até 1023 W/cm2) oferecem gradientes de aceleração muito superiores aos dos aceleradores convencionais. Este facto é explorado em várias técnicas de aceleração de plasma utilizadas para acelerar electrões e iões carregados para energias elevadas.

4.20. Microscopia

A microscopia de varrimento a laser con-focal e a microscopia de excitação de dois fotões utilizam lasers para obter imagens sem desfocagem de amostras espessas a várias profundidades. A microdissecção por captura laser utiliza lasers para obter populações celulares específicas de uma secção de tecido sob visualização microscópica.

Outras técnicas de microscopia laser incluem a microscopia harmónica, a microscopia de mistura de quatro ondas [7] e a microscopia interferométrica [8].

4.21. Militar
4.21.1. Diretamente como arma de energia

Uma arma laser é uma arma de energia dirigida baseada em lasers.

4.21.2. Contra-medidas defensivas

As aplicações de contramedidas defensivas podem variar desde contramedidas infravermelhascompactas e de baixa potência até sistemas laser aéreos de alta potência. Os sistemas de contramedidas de infravermelhos utilizam lasers para confundir as cabeças de busca dos mísseis de infravermelhos.

4.21.3. Desorientação

Algumas armas utilizam simplesmente um laser para desorientar uma pessoa. Uma dessas armas é o guerreiro ótico a laser verde da Thales [9].

4.21.4. Orientação

A orientação por laser é uma técnica de orientação de um míssil ou outro projétil ou veículo para um alvo através de um feixe de laser.

4.21.5. Designador do alvo

Outra utilização militar dos lasers é como designador de alvos laser. Trata-se de um ponteiro laserde baixa potência utilizado para indicar um alvo para uma munição guiada de precisão, normalmente lançada a partir de um avião. A munição guiada ajusta a sua trajetória de voo para se orientar para a luz laser reflectida pelo alvo, permitindo uma grande precisão na pontaria. O feixe do laser designador de alvos é regulado para uma frequência de impulsos que coincide com a da munição guiada, para garantir que as munições atingem os alvos designados e não seguem outros feixes laser que possam estar a ser utilizados na área. O designador laser pode ser apontado para o alvo por uma aeronave ou pela infantaria próxima. Os lasers utilizados para este fim são normalmente lasers de infravermelhos, pelo que o inimigo não consegue detetar facilmente a luz do laser de orientação.

4.21.6. Armas de fogo
4.21.6.1. Mira laser

Na maioria das aplicações de armas de fogo, o laser tem sido utilizado como um instrumento para melhorar a pontaria de outros sistemas de armas. Por exemplo, uma mira laser é um pequeno laser, normalmente de luz visível, colocado numa arma de fogo ou numa espingarda e alinhado para emitir um feixe paralelo ao cano. Uma vez que um feixe laser tem baixa divergência, a luz laser aparece como um pequeno ponto, mesmo a longas distâncias; o utilizador coloca o ponto no alvo desejado e o cano da arma é alinhado (mas não necessariamente permitindo a queda da bala, o vento, a distância entre a direção do feixe e o eixo do cano, e a mobilidade do alvo enquanto a bala viaja).

A maioria das miras laser utiliza um díodo laser vermelho. Outras utilizam um díodo de infravermelhos para produzir um ponto invisível a olho nu, mas detetável com dispositivos de visão nocturna. O módulo de aquisição de alvos adaptável para armas de fogo LLM01 combina díodos laser visíveis e infravermelhos. No final da década de 1990, foram disponibilizadas miras laser de estado sólido bombeadas por díodo verde (DPSS) (532 nm).

4.21.7. Lasers direcionados para os olhos

Uma arma laser não letal foi desenvolvida pela Força Aérea dos EUA para diminuir temporariamente a capacidade de um adversário disparar uma arma ou ameaçar as forçasinimigas. Esta unidade ilumina um adversário com uma luz laser inofensiva de baixa potência e pode ter o efeito de deslumbrar ou desorientar o sujeito ou levá-lo a fugir. Atualmente, existem vários tipos de ofuscadores e alguns já foram utilizados em combate.

Continua a existir a possibilidade de utilizar lasers para cegar, uma vez que isto requer níveis de potência relativamente baixos e é facilmente realizável numa unidade portátil. No entanto, a maioria das nações considera a cegueira permanente deliberada do inimigo como proibida pelas regras da guerra. Embora várias nações tenham desenvolvido armas laser para cegar, como o ZM-87 da China, acredita-se que nenhuma delas tenha passado da fase de protótipo.

Para além das aplicações que se cruzam com as aplicações militares, uma utilização muito conhecida dos lasers para a aplicação da lei é o lidar para medir a velocidade dos veículos.

4.21.8. Mira de arma holográfica

Uma mira holográfica para armas utiliza um díodo laser para iluminar um holograma de um retículo incorporado numa janela ótica de vidro plano da mira. O utilizador olha através da janela ótica e vê uma imagem do retículo em forma de cruz sobreposta à distância no campo de visão [10].

4.22. Médico

- Cirurgia estética (remoção de tatuagens, cicatrizes, estrias, manchas solares, rugas, marcas de nascença e pêlos). Os tipos de laser utilizados em dermatologia incluem o rubi (694 nm), o alexandrite (755 nm) e o conjunto de díodos pulsados (810 nm),
- Nd:YAG (1064 nm), Ho:YAG (2090 nm) e Er:YAG (2940 nm).
- Cirurgia ocular e cirurgia refractiva
- Cirurgia de tecidos moles: Laser de CO2, Er:YAG
- Bisturi laser (cirurgia geral, ginecológica, urologia, laparoscópica)
- Foto-bio-modulação (ou seja, terapia laser)
- Remoção "sem contacto" de tumores, especialmente do cérebro e da espinal medula.
- Em medicina dentária para remoção de cáries, procedimentos endodônticos/periodônticos, branqueamento dentário e cirurgia oral
- Tratamento do cancro
- Gestão de queimaduras e cicatrizes cirúrgicas: contratura cicatricial CO2 (especialmente os mais recentes lasers fraccionados de CO2), vermelhidão e comichão (Pulsed Dye laser - PDL), hiperpigmentação pós-inflamatória (lasers Q-switched: Ruby, Alexandrite), crescimento indesejado de pêlos e pêlos encravados na cicatriz de queimadura (Ruby, IPL e numerosos lasers de depilação)

4.23. Industrial e comercial

Lasers utilizados para efeitos visuais durante um espetáculo musical. (Um espetáculo de luz laser) Nivelamento de pavimentos de cerâmica com um dispositivo laser

As aplicações industriais do laser podem ser divididas em duas categorias, consoante a potência do laser: processamento de materiais e processamento de micro-materiais.

No processamento de materiais, os lasers com potência ótica média superior a 1 kilowatt são utilizados principalmente em aplicações industriais de processamento de materiais. Para além deste limiar de potência, existem problemas térmicos relacionados com a ótica que separam estes lasers dos seus homólogos de menor potência [11]. Os sistemas laser na gama de 50-

300W são utilizados principalmente para aplicações de bombagem, soldadura de plásticos e soldadura. Os lasers acima de 300 W são utilizados em aplicações de brasagem, soldadura de metais finos e corte de chapas metálicas. O brilho necessário (medido pelo produto do parâmetro do feixe) é mais elevado para aplicações de corte do que para brasagem e soldadura de metais finos [12]. As aplicações de alta potência, como o endurecimento, o revestimento e a soldadura de penetração profunda, requerem vários kW de potência ótica e são utilizadas numa vasta gama de processos industriais.

O microprocessamento de materiais é uma categoria que inclui todas as aplicações de processamento de materiais a laser com menos de 1 kilowatt [13]. A utilização de lasers no processamento de micromateriais tem tido ampla aplicação no desenvolvimento e fabrico de ecrãs para smartphones, computadores tablet e televisores LED [14].

Uma lista detalhada das aplicações industriais e comerciais do laser inclui:

- Corte a laser
- Soldadura a laser
- Perfuração a laser
- Marcação a laser
- Limpeza a laser
- Revestimento por laser, um processo de engenharia de superfície aplicado a componentes mecânicos para recondicionamento, trabalhos de reparação ou revestimento duro
- Fotolitografia
- Comunicações ópticas através de fibras ópticas ou no espaço livre
- Peening a laser
- Sistemas de orientação (por exemplo, giroscópios de laser em anel)
- Telémetro laser / topografia,
- Lidar / monitorização da poluição,
- Minilaboratórios digitais
- Leitores de códigos de barras
- Gravação a laser da chapa de impressão
- Colagem por laser de materiais de marcação aditiva para decoração e identificação,
- Apontadores laser
- Ratos laser
- Acelerómetros laser
- Fabrico de ecrãs OLED
- Holografia
- Grama-bolha
- Pinças ópticas
- Escrever legendas em filmes [15].

- O feixe de energia, que é uma solução possível para transferir energia para o topo de um elevador espacial
- Scanners laser 3D para medições 3D exactas
- Os níveis de linha laser são utilizados na topografia e na construção. Os lasers são também utilizados na orientação de aeronaves.
- Extensivamente em equipamento de imagiologia industrial e de consumo.
- Nas impressoras laser: os lasers de gás e de díodo desempenham um papel fundamental no fabrico de chapas de impressão de alta resolução e no equipamento de digitalização de imagens.
- Os lasers de díodos são utilizados como interruptores de luz na indústria, com um feixe de laser e um recetor que se liga ou desliga quando o feixe é interrompido e, uma vez que um laser pode manter a intensidade da luz a distâncias maiores do que uma luz normal e é mais preciso do que uma luz normal, pode ser utilizado para a deteção de produtos na produção automatizada.
- Alinhamento por laser
- Fabrico aditivo
- Soldadura de plástico
- Metrologia - sistemas laser portáteis e robóticos para o sector aeroespacial e automóvel
e aplicações ferroviárias
- Para armazenar e recuperar dados em discos ópticos, como CDs e DVDs
- Raio azul

4.24. Entretenimento e lazer

- Muitos concertos de música são acompanhados por iluminação laser
- Laser tag
- Harpa laser: instrumento musical em que as cordas são substituídas por feixes de laser
- Como fonte de luz para projectores de cinema digital [16].

4.25. Topografia e telemetria
4.25.1. Imagens

 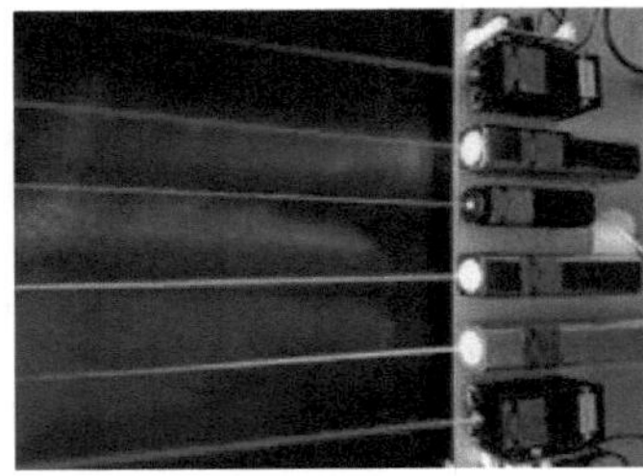

Modelos de laser em diferentes cores Lasers Q-line

Os lasers foram utilizados no concerto Classical Spectacular de 2005

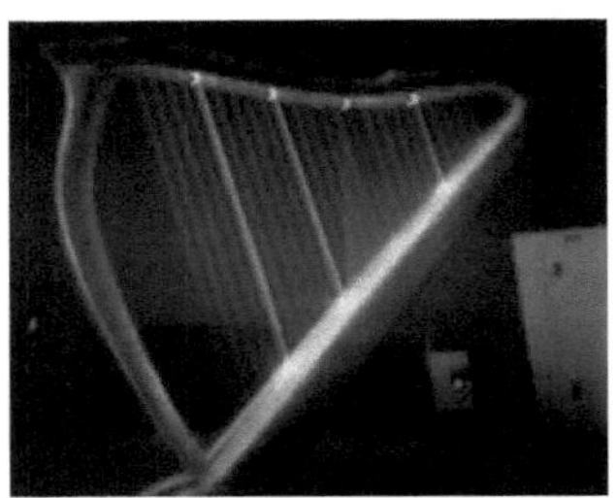 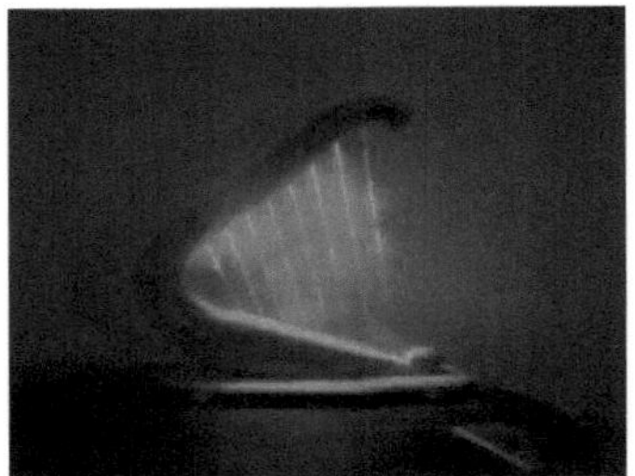

Uma harpa laser.

A superfície de um alvo de teste é instantaneamente vaporizada e incendeia-se com a irradiação de um laser de dióxido de carbonode onda contínua de alta potência que emite dezenas de quilowatts de luz infravermelha distante. Note-se que o operador está atrás de folhas de vidro plexi, que é opaco no infravermelho distante.

Referências

[1].   "Nanofabricação a laser no interior de silício com sementeira anisotrópica de feixe espacial".
        Nat. Commun. 15 (5786). 2024. PMC 11252398.
[2].   Wills, Stewart. "Parceiros terrestres da Cassini". Ótica e Fotónica
        Notícias. Sociedade de Ótica. Arquivado em 7 de julho de 2018. Recuperado em 7 de julho de 2018.
[3].   W. Demtröder, Laser Spectroscopy, 3ª Ed. (Springer, 2009)
[4].   "Cientistas da Califórnia controlam o clima usando lasers-www.express.co.uk".

28 de setembro de 2017. Arquivado em 2018-10-23. Recuperado em 23-10-2018.

[5].   "O homem que quer controlar o tempo com lasers - www.cnn.com". CNN. 24 de abril de 2015. Arquivado em 2018-10-23. Recuperado em 23 de outubro de 2018.

[6].   "Ganho do alvo de realização maior do que a experiência de fusão inercial da unidade". Phys. Rev. Lett. 132 (6): 065102. doi:10.1103/PhysRevLett.132.065102.

[7].   Duarte FJ, ed. (2009). "Capítulo 9". Aplicações de Laser Sintonizável (2ª ed.). Boca Raton: CRC Press.

[8].   Duarte FJ (2016). "Microscopia a laser sintonizável". Em Duarte FJ (ed.). Sintonizável Laser Applications (3ª ed.). Boca Raton: CRC Press. pp. 315-328.

[9].   "Thales GLOW". Thalesgroup.com. Arquivado em 2012-03-23. Recuperado em 2011-09-25.

[10].   "Explicação das miras de pontos vermelhos / miras de reflexo e miras oculares". ultimak.com. Arquivado em 2012-12-27. Recuperado em 2013-07-27.

[11].   "The Worldwide Market for Lasers - Market Review and Forecast 2012". Estratégias Ilimitadas. 5ª Edição: 56-85. janeiro de 2012.

[12].   Sparkes, M.; Gross, M.; Celotto, S.; Zhang, T.; O'Neil, W (2008). "Investigações práticas e teóricas sobre o laser de fibra de alto brilho". Journal of Laser Applications. 20 (1042-346X): 59-67.

[13].   "The Worldwide Market for Lasers - Market Review and Forecast 2012". Strategies Unlimited. 5ª Edição: 86-110. janeiro de 2012.

[14].   "Explicação da tecnologia OLED". Informações sobre OLED. OLED-info.com. Arquivado do original em 15 de outubro de 2012. Recuperado em 17 de outubro de 2012.

[15].   Cinetyp.com. Arquivado em 2009-02-28. Recuperado em 2009-10-11.

[16].   "SM Cinema adiciona mais cinco projectores laser Christie 6P". www.christiedigital.com. Arquivado em 2017-10-18. Recuperado em 2016-11-16.

Capítulo (5)
Lasers de semicondutores para aplicações médicas

5.1. Lasers de semicondutores

Os lasers de semicondutores (SL) ou lasers de díodo (DL) são um tipo especial de lasers de estado sólido. A sua preparação, propriedades detalhadas e campos de aplicação estão descritos em muitos livros, monografias, manuais e literatura (ver, por exemplo, Agrawal e Dutta, 1993; Agrawal, 1995; Kapon, 1999; Eliseev, 1983; Sands, 2005). O princípio de funcionamento - Amplificação da Luz por Emissão Estimulada de Radiação (LASER) - é o mesmo que em todos os outros lasers, e também as partes principais do próprio laser são as mesmas que noutros tipos de laser.

A fonte de bombeamento cria uma inversão de população na estrutura semicondutora (meio ativo) colocada numa cavidade ressonante (ressoador ótico) que funciona como elemento de realimentação positiva para o amplificador. A radiação luminosa resultante é separada do ressoador laser por um espelho ressoador parcialmente transmissor.

A principal diferença entre os lasers de díodos e a maioria dos outros lasers de estado sólido é a pequena dimensão da região ativa na estrutura semicondutora, que se encontra próxima de uma junção p-n entre a região do tipo n e a região do tipo p; os princípios fundamentais são descritos em Seeger (2004).

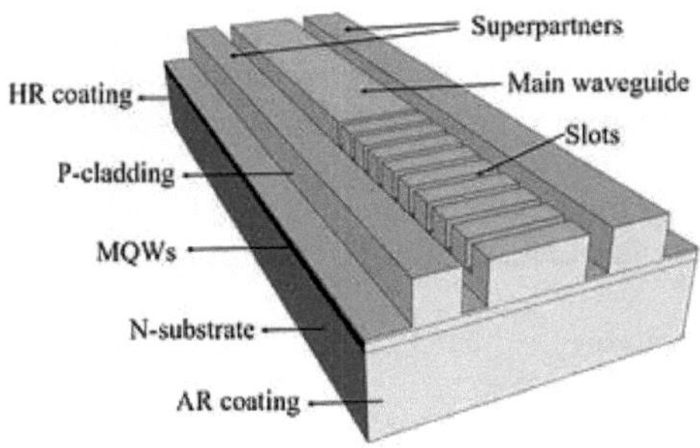

Lasers de semicondutores (SL) ou lasers de díodos (DL).

A polarização eléctrica direta através da junção p-n que forma o díodo cria uma área com um excesso de electrões e buracos, que podem recombinar-se com a libertação de energia sob a forma de fotões. Esta recombinação pode ser espontânea ou estimulada por outro fotão, sendo o fotão emitido resultante uma cópia do fotão estimulante. A emissão espontânea é utilizada nos díodos emissores de luz (LED), enquanto a emissão estimulada é a base dos díodos superluminescentes ou dos díodos laser, que contêm um ressoador ótico e cujo ganho ótico excede as perdas. O ganho ótico é diretamente proporcional à corrente de injeção através da junção e também ao valor recíproco da dimensão da região ativa.

SL e DL não são exatamente a mesma coisa. A SL é uma categoria mais vasta do que a DL. Os materiais semicondutores podem ser forçados a produzir lase através da luz, de um campo elétrico ou de outros procedimentos de bombagem, tal como acontece com outros materiais adequados à ação laser. A grande vantagem dos semicondutores é que podem ser bombeados diretamente por uma corrente que passa através da junção p-n, que pode ser preparada por rotina. Para um funcionamento real e fiável do DL, são necessárias estruturas mais sofisticadas do que apenas as junções p-n, mas o princípio é simples. A maior parte dos SL são díodos laser, que são bombeados com uma corrente eléctrica próxima da região onde se encontram os semicondutores dopados com n e dopados com p. No entanto, existem também lasers de semicondutores bombeados opticamente, nos quais os portadores são gerados pela luz da bomba absorvida, e lasers de cascata quântica, nos quais são utilizadas transições intra-banda.

O grande potencial dos DL para as telecomunicações foi reconhecido desde cedo, talvez mesmo antes de serem fabricados. Os DL podem ser pequenos e compactos, têm potencial para produção em massa, podem ser facilmente integrados na eletrónica e a sua modulação de alta frequência é muito importante. As suas propriedades melhoraram rapidamente; estão a tornar-se cada vez mais potentes e eficientes e têm uma utilização generalizada em muitos domínios das actividades humanas.

Os DL foram preparados muito pouco tempo depois dos lasers "clássicos" de estado sólido e de gás. A emissão laser de um díodo semicondutor (GaAs) foi obtida em 1962 por Robert N. Hall na General Electric e por Marshall Nathan no IBM T.J. Watson Research Center. O primeiro comprimento de onda visível emitido por um DL foi demonstrado por Nick Holonyak, Jr em 1962. Outras equipas do Laboratório Lincoln do MIT, da Texas Instruments e dos Laboratórios RCA alcançaram o mesmo resultado pouco depois de Hall e Nathan. Os lasers de GaAs foram também produzidos no início de 1963 na União Soviética pela equipa liderada por Nikolay Basov (que ganhou o Prémio Nobel).

Os primeiros DL eram díodos de homojunção p-n. Isto significa que o material da camada central do guia de ondas e das camadas circundantes é idêntico. Os parâmetros deste tipo de DL não eram utilizáveis em aplicações práticas.

A importância das heterojunções (formando heteroestruturas) foi reconhecida por Herbert Kroemer, enquanto trabalhava nos Laboratórios

RCA em meados da década de 1950, como tendo vantagens únicas para vários tipos de dispositivos electrónicos e optoelectrónicos, incluindo lasers de díodos.

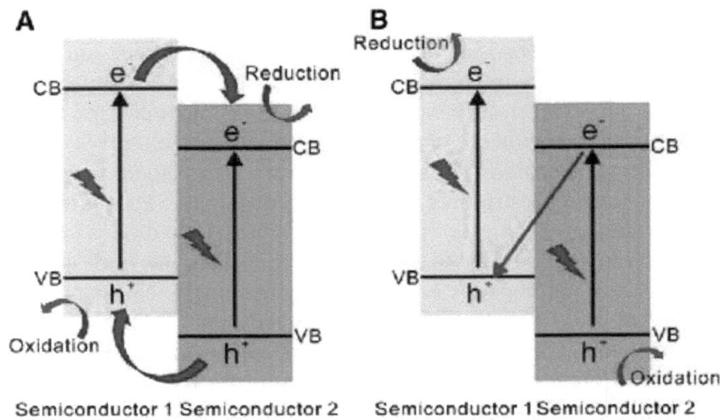

O primeiro DL de heterojunção utilizou um injetor de arsenieto de alumínio e gálio (AlGaAs) do tipo p situado sobre camadas de arsenieto de gálio do tipo n cultivadas no substrato de GaAs por epitaxia. A inovação que respondeu ao desafio da temperatura ambiente foi o laser de dupla heteroestrutura - o AlGaAs foi cultivado em ambos os lados do GaAs. Este tipo de DL, que conseguiu um funcionamento em onda contínua, foi uma hetero-estrutura dupla demonstrada, essencialmente em simultâneo, em 1970 por Zhores Alferov, Morton Panish e Izuo Hayashi. No entanto, é amplamente aceite que Alferov e a sua equipa foram os primeiros a atingir este marco. Pelo seu feito e o dos seus colaboradores, Alferov e Kroemer partilharam o Prémio Nobel da Física de 2000.

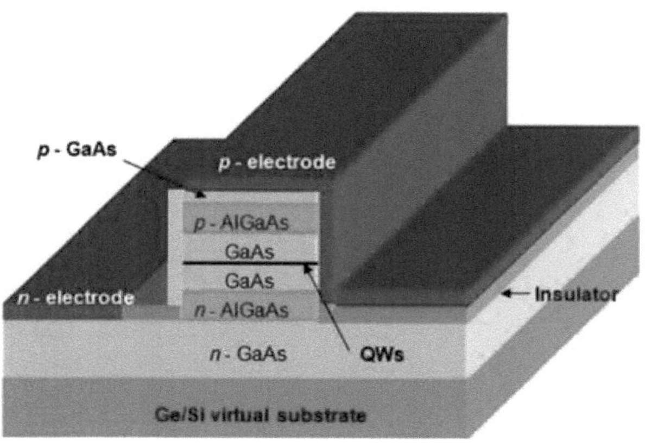

5.2. Nanoestruturas de pontos quânticos

Os lasers de semicondutores abriram mercados potencialmente enormes nas comunicações ópticas, discos compactos e aplicações conexas de armazenamento ótico de dados, ecrãs e iluminação. Até há poucos anos, a maioria destes lasers eram emissores de borda em que a cavidade de laser se encontra horizontalmente no plano da bolacha. Para muitas aplicações, por exemplo as que requerem uma matriz laser bidimensional, é desejável que a saída do laser seja normal à superfície da bolacha. Esta nova geração de lasers é conhecida como lasers de emissão de superfície de cavidade vertical (VCSELs). Devido à sua topologia única, o VCSEL tem algumas vantagens distintas em relação aos lasers emissores de borda convencionais. O feixe ótico é circular, pelo que é possível uma elevada eficiência de acoplamento a fibras ópticas. O volume ativo dos VCSELs pode ser tão pequeno que se obtêm lasers de alta densidade de empacotamento e baixo limiar. A conceção do laser permite a integração monolítica simples de matrizes bidimensionais de díodos laser, criando fontes de luz interessantes para o processamento de dados ópticos bidimensionais. Atualmente, existe uma forte motivação para criar VCSELs de comprimento de onda longo utilizando QDs como meio ativo. Até à data, a maior parte dos VCSELs de QD emitiram perto de 1 μm10. Vale a pena salientar que os lasers baseados em QDs precisam de ser melhorados para atingir a elevada potência de saída e a longa duração necessárias.

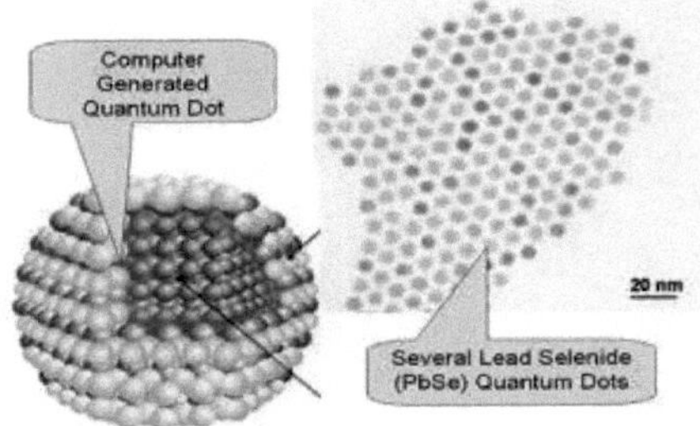
Computer
Generated
Quantum Dot
Several Lead Selenide
(PbSe) Quantum Dots
20 nm

Capítulo (6)
Caracterização de dispositivos ópticos

6.1. Caracterização de RIN, largura de linha e Ruído de fase de lasers de semicondutores

O laser semicondutor é um dispositivo fundamental num transmissor ótico; traduz sinais eléctricos para o domínio ótico. É um dos componentes mais importantes dos sistemas de comunicação por ondas de luz, dos sensores fotónicos e da instrumentação ótica. Quando funciona acima do limiar, a potência ótica de saída de um díodo laser é linearmente proporcional à corrente de injeção, pelo que o sinal de corrente eléctrica pode ser convertido num sinal ótico através da modulação direta da corrente de injeção. No entanto, a modulação direta de um díodo laser não só introduz uma modulação da intensidade ótica, como também cria uma modulação de frequência na portadora ótica, que é conhecida por chirp de frequência.

A oscilação de frequência alarga o espetro ótico do sinal e introduz uma degradação do desempenho da transmissão em sistemas ópticos de alta velocidade devido à natureza dispersiva dos meios de transmissão. Para ultrapassar este problema, são frequentemente utilizados moduladores electro-ópticos externos em sistemas ópticos de alta velocidade e de longa distância. Neste caso, o díodo laser funciona em modo de onda contínua enquanto o modulador externo codifica o sinal elétrico para o domínio ótico.

O desempenho do sistema ótico depende, em grande medida, das caraterísticas da fonte laser. Questões importantes como a potência ótica, o comprimento de onda, a largura da linha espetral, o ruído de intensidade relativa, a resposta de modulação e o chirp de modulação são preocupações práticas num transmissor ótico. Algumas destas propriedades têm definições relativamente simples e podem ser medidas diretamente; por exemplo, a potência ótica de um laser de semicondutores pode ser medida diretamente por um medidor de potência ótica e o seu comprimento de onda pode ser medido quer por um medidor de comprimento de onda quer por um analisador de espetro ótico. Algumas outras propriedades dos lasers de semicondutores são definidas de forma não intuitiva e as medições destas propriedades exigem frequentemente uma boa compreensão dos seus mecanismos físicos e das limitações das várias técnicas de medição. Esta secção é dedicada às medições e explicações destas propriedades nos lasers de semicondutores.

6.2. Medição do ruído de intensidade relativa (RIN)

Nos lasers de semicondutores que funcionam acima do limiar, embora a emissão estimulada domine o processo de emissão, existe ainda uma pequena percentagem de fotões que são gerados por emissão espontânea. A origem do ruído de intensidade ótica num laser de semicondutores é causada por estes fotões de emissão espontânea. Como resultado, quando um laser semicondutor funciona em modo CW, o efeito da emissão espontânea faz com que tanto a densidade de portadores como a densidade de fotões flutuem em torno dos seus valores de equilíbrio [1].

Em geral, o ruído de intensidade num díodo laser causado por emissão espontânea é um ruído de banda larga; no entanto, este ruído pode ser ainda mais amplificado pela ressonância da oscilação de relaxação na cavidade do laser, o que modifica a densidade espetral do ruído. Tal como ilustrado na figura, cada evento único de aumento espontâneo da densidade de portadores aumentará o ganho ótico do meio laser e, por conseguinte, aumentará a densidade de fotões na cavidade laser. No entanto, este aumento da densidade de fotões consumirá mais portadores na cavidade, criando uma saturação de ganho no meio; em consequência, a densidade de fotões tenderá a diminuir devido à redução do ganho ótico.

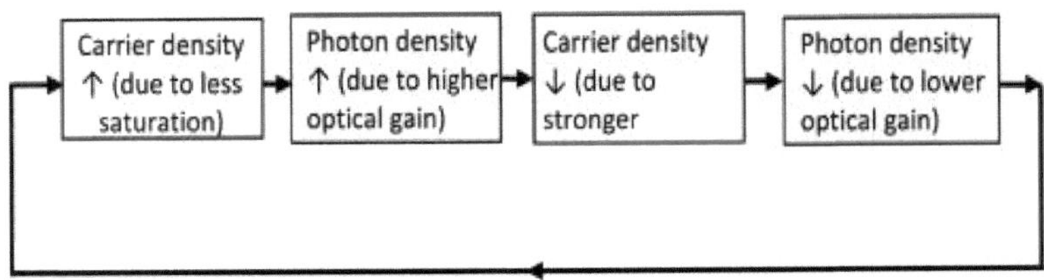

Explicação de um processo de oscilação de relaxação num laser semicondutor.

$$\Omega R2 = G \cdot P \cdot dGdN$$

Devido à oscilação de relaxação, o ruído de intensidade de um laser semicondutor é uma função da frequência. A densidade espetral do ruído de intensidade normalizada pode ser ajustada pela seguinte expressão:

$$H\Omega \propto \Omega R2 + B\Omega 2j\Omega j\Omega + \gamma + \Omega R22$$

Em que, B e γ são parâmetros de amortecimento que dependem da estrutura específica do laser e da condição de polarização. A figura mostra exemplos da densidade espetral do ruído de intensidade normalizada com três parâmetros de amortecimento diferentes. A frequência de oscilação de relaxação utilizada nesta figura é $\Omega R = 2\pi \times 10$ GHz. A frequências muito superiores à frequência de oscilação de relaxação, o acoplamento dinâmico entre a densidade de fotões e a densidade de portadores é fraco e, por conseguinte, o ruído de intensidade torna-se independente da frequência.

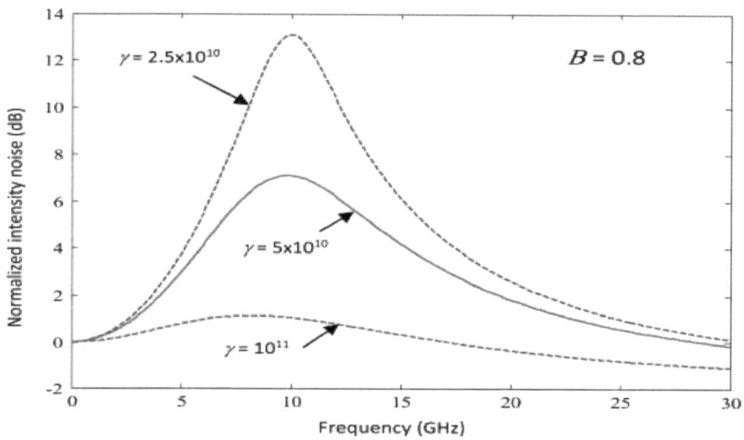

Densidade espetral do ruído de intensidade normalizada com Frequência de oscilação de relaxamento de 10 GHz.

Para além da oscilação de relaxação, a realimentação ótica externa dos lasers de semicondutores pode também alterar a distribuição espetral do ruído de intensidade (Tkach e Chraplyvy, 1986; Gimlett e Cheung, 1989). Isto pode ser introduzido por reflectores ópticos externos, tais como conectores e outros dispositivos ópticos que formam cavidades externas com a ajuda do espelho de saída do laser de semicondutores. A natureza da ressonância na cavidade externa pode ser suficientemente forte para causar uma flutuação excessiva da densidade de portadores no laser e resultar numa forte flutuação da potência ótica. A caraterística distintiva do ruído de intensidade induzido por realimentação ótica é que tem picos de ressonância periódica bem definidos no domínio da frequência e o período é $\Delta f = c/(2nL)$, em que L é o comprimento ótico da cavidade externa, c é a velocidade da luz e n é o índice de refração da cavidade externa.

Outra fonte de ruído de intensidade ótica resulta da conversão de ruído de frequência em ruído de intensidade. Num sistema ótico, as instabilidades de frequência na fonte laser podem ser convertidas em ruído de intensidade através de uma função de transferência dependente da frequência, bem como da dispersão cromática. Por exemplo, as cavidades Fabry-Perot podem ser formadas por múltiplos reflectores (p. ex., conectores) num sistema ótico, que introduzem caraterísticas de transmissão dependentes da frequência. Como mostra a figura, quando a frequência do laser flutua, a eficiência de transmissão varia, causando assim uma flutuação da intensidade.

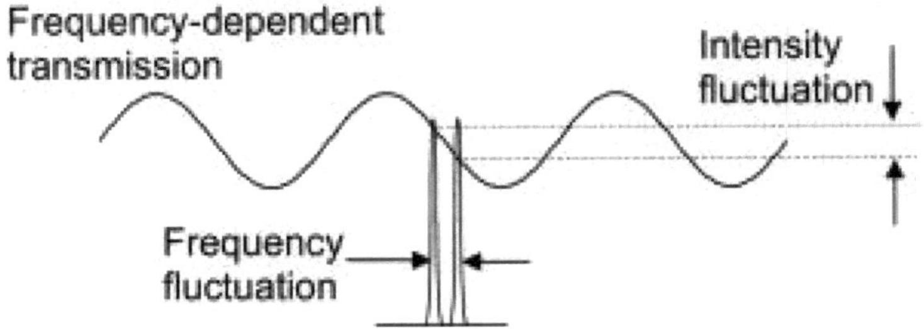

Conversão de ruído de frequência em intensidade através de transmissão dependente da frequência.

Além disso, se o sistema de transmissão for dispersivo, diferentes componentes de frequência chegarão ao detetor em momentos diferentes; a interferência entre eles também causa a conversão do ruído de frequência em ruído de intensidade [2].

Em geral, o ruído de intensidade ótica num sistema ótico é linearmente proporcional à potência ótica do sinal; por conseguinte, é mais conveniente normalizar o ruído de intensidade pela potência ótica total. O ruído de intensidade relativa (RIN) é definido como o rácio entre a densidade espetral de potência do ruído e a potência total. A figura (A) mostra o diagrama de blocos de um sistema de medição RIN, que consiste num fotodetetor de banda larga, num pré-amplificador elétrico e num analisador de espetro RF.

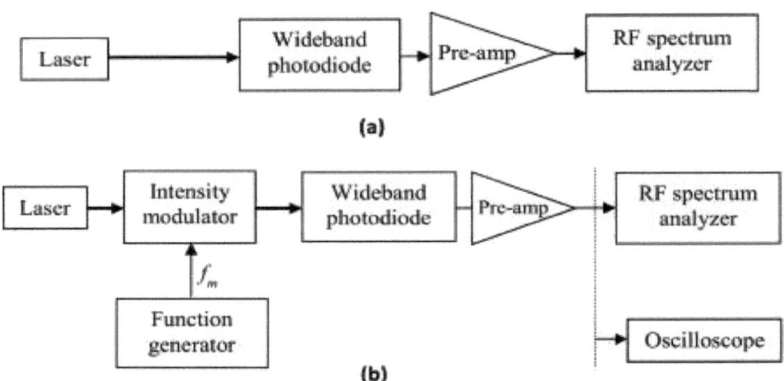

Diagrama de blocos do sistema para medir o RIN do laser sem (a) e com (b) modulação de intensidade do sinal ótico.

Para caraterizar a caraterística RIN, o díodo laser a ser medido é operado numa onda contínua. Obviamente, sem ruído de intensidade no laser, só seria possível ver um componente DC no analisador de espetro RF. Devido ao ruído de intensidade, a flutuação da potência ótica introduz uma flutuação da fotocorrente e a densidade espetral desta flutuação da fotocorrente é medida pelo analisador de espetro de radiofrequências. Devido ao princípio de deteção da lei quadrada, a potência elétrica Pele gerada na saída de um fotodiodo é proporcional ao quadrado da potência ótica recebida Popt, ou seja, Pele $\propto$ Popt2. Por conseguinte, o RIN pode ser definido como o rácio entre a densidade espetral da potência do ruído e a potência do sinal no domínio elétrico.

$$RIN\omega = FPopt - Popt,ave2Popt,ave2$$

Onde, Popt, ave é a potência ótica média e F denota a transformação de Fourier. R2P-Popt2 é a flutuação média quadrada da intensidade, e a sua transformação de Fourier é a densidade espetral da potência do ruído no domínio elétrico. RPopt é a fotocorrente sig-nal e R2Popt2 é a potência eléctrica do sinal. Por conseguinte, a definição de RIN também pode ser simplesmente expressa como:

$$RIN = SP\omega R2Popt,ave2$$

Em que, SP(ω) é a densidade espetral de potência do ruído elétrico medida no analisador de espetro RF.

Obviamente, a densidade espetral de potência do ruído SP(ω) aumenta com o aumento do quadrado da potência ótica média Popt, ave2. O RIN é uma forma conveniente de caraterizar a qualidade do sinal ótico e o resultado não é afetado pelas incertezas da atenuação ótica nos sistemas ópticos; por conseguinte, não é necessária a calibração absoluta da capacidade de resposta do fotodetector. A unidade do RIN é [Hz- 1], ou [dB/Hz] como medida relativa.

Na prática, o RIN é um parâmetro conveniente para utilizar no cálculo do desempenho do sistema ótico. Por exemplo, num sistema analógico, se o RIN for a única fonte de ruído, a relação sinal/ruído (no domínio elétrico) pode ser facilmente determinada por

$$SNR = m221\int0BRINfdf$$

Onde, m é o índice de modulação e B é a largura de banda do recetor.

Os lasers de semicondutores de boa qualidade têm normalmente níveis de RIN inferiores a - 155 dB/Hz e é normalmente um desafio medir com exatidão o RIN a um nível tão baixo. Para tal, é necessário que o sistema de medição tenha um nível de ruído muito inferior. Considerando o ruído térmico e o ruído quântico no fotodíodo e o ruído no pré-amplificador elétrico, o RIN medido pode ser expresso como

RINmeasure=Sp+σshot2+σth2+σamp2R2Popt2=RINlaser+RINerror

onde

RINerror=2qRPopt+kTFAGA+FSA-1/GAR2Popt2+4kT/RLR2Popt2

é o erro de medição devido ao ruído do instrumento; σshot2=2qRPopé a densidade espetral de potência do ruído de disparo, σth2 = 4kT/RL é a densidade espetral de potência do ruído térmico no fotodíodo, e σamp2 = kT(FAGA + FSA - 1)/GA é a densidade espetral de potência do ruído equivalente introduzido pelo pré-amplificador elétrico e pelo analisador de espetro de RF. FA é a figura de ruído do pré-amplificador elétrico, FSA é a figura de ruído da parte frontal do analisador de espetro e GA é o ganho do préamplificador.

A figura mostra o erro de medição RIN estimado com:

R=0,75A/W, RL = 50 Ω, T = 300 K, FA = FSA = 3 dB, e GA = 30 dB.

O erro de medição diminui com o aumento da potência ótica do sinal e, eventualmente, o ruído quântico é o ruído dominante na região de alta potência. Neste caso particular, para atingir um nível de erro de 180 dB/Hz (que é considerado muito inferior ao RIN real do laser de - 155 dBm/Hz), a potência ótica do sinal tem de ser superior a 0 dBm.

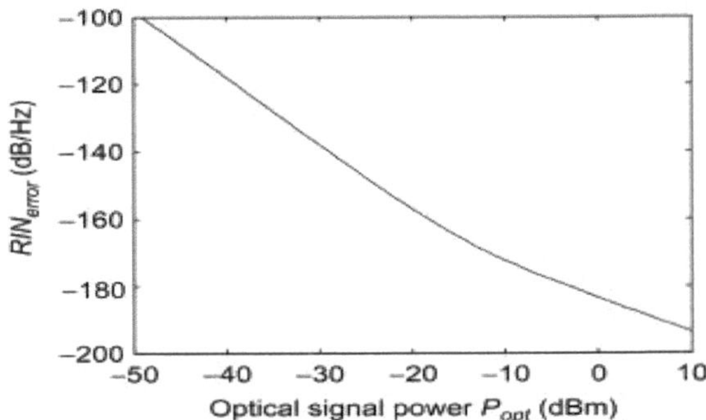

Erro em RIN versus potência do sinal ótico de entrada.

Onde, fIF = | fs0 - fLO0 | é a frequência central do sinal de FI heteródino; obviamente, a largura de linha do sinal de FI medida no domínio elétrico é a soma das larguras de linha do sinal de onda luminosa de entrada e do oscilador local:

$$\Delta vIF = \Delta v + \Delta vLo$$

A figura mostra um exemplo de translação de frequências do domínio ótico para o domínio RF por deteção heteródina coerente, bem como a relação de largura de linha entre o sinal, o oscilador local e a nota de batimento IF. Neste caso, as frequências centrais do sinal ótico e do oscilador local são 193,500 GHz (1550,388 nm) e 193,501 GHz (1550,396 nm), e as suas larguras de linha são 10 MHz e 100 kHz, respetivamente. Como resultado da deteção coerente, a frequência de RF central é de 1 GHz e a largura de linha de RF é de 10,1 MHz.

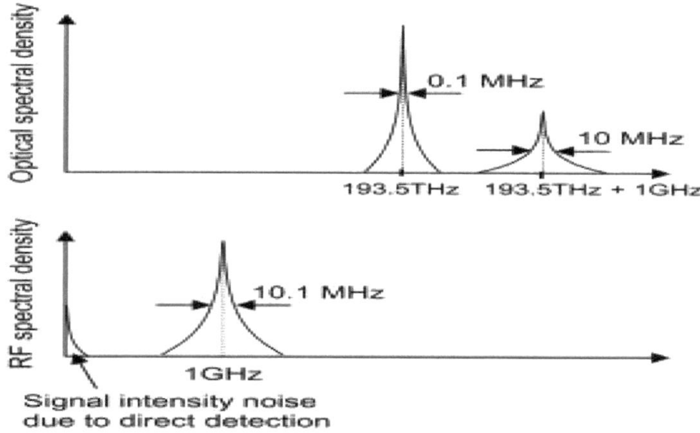

Translação de frequência e relação de largura de linha na deteção coerente.

Embora o princípio de funcionamento da medição da largura de linha utilizando a deteção heteródina coerente seja simples, é necessário ter em conta algumas questões práticas na medição. Em primeiro lugar, a largura de linha do oscilador local deve ser suficientemente estreita. De facto, $\Delta vLo <$ $< \Delta v$ é normalmente necessário para medir com precisão a largura de linha de um sinal ótico. Em segundo lugar, o comprimento de onda do oscilador local tem de ser continuamente sintonizável para poder traduzir a nota de batimento coerente para a gama de frequências mensuráveis de um analisador de espetro RF. Geralmente, para este efeito, podem ser utilizados lasers de cavidade externa baseados em grelhas, que proporcionam uma largura de linha espetral estreita e uma ampla gama de sintonização contínua. Em terceiro lugar, os estados de polarização têm de ser alinhados entre o sinal e o oscilador local para maximizar a eficiência da deteção coerente. Isto é normalmente conseguido por um rolo de controlo de polarização.

Finalmente, o efeito de desvios lentos de frequência, tanto do sinal como do oscilador local, pode potencialmente tornar a frequência intermédia instável. Esta flutuação da fIF afectará certamente a precisão da largura da linha (causando frequentemente uma sobrestimação da largura da linha). Uma vez que a forma espetral da linha laser é conhecida como Lorentziana, como se mostra na Equação, também se pode medir a largura da linha no ponto de -20 dB e, em seguida, calcular a largura da linha no ponto de -3 dB utilizando o ajuste Lorentziano. Isto pode aumentar significativamente a tolerância da medição ao ruído e, assim, melhorar a precisão.

A deteção coerente de envelope com a configuração apresentada na figura é o formato mais simples de deteção coerente que detecta uma fotocorrente de valor real proporcional à amplitude do campo ótico do sinal. Em seguida, pode ser utilizado um analisador de espetro RF para medir a densidade espetral da potência de FI e avaliar a largura da linha espetral. Uma configuração de deteção coerente mais sofisticada que utilize a deteção da diversidade de fases pode proporcionar a capacidade de deteção de campos ópticos complexos. A figura mostra o diagrama de blocos de um recetor coerente para a deteção de campos ópticos complexos com base na diversidade de fases. Um laser sintonizável com baixo ruído de fase é utilizado como oscilador local (LO) com a frequência ótica sintonizada para corresponder ao laser em ensaio para deteção homódina. Um acoplador híbrido ótico de 90○ separa os componentes em fase (I) e em quadratura (Q) do sinal ótico e envia-os para dois fotodetectores equilibrados separadamente, para criar as duas fotocorrentes independentes. Estas fotocorrentes são então amplificadas por dois amplificadores de trans-impedância e traduzidas em sinais de tensão vI(t) e vQ(t) antes de serem amostradas no domínio digital para processamento do sinal. Os sinais de tensão são:

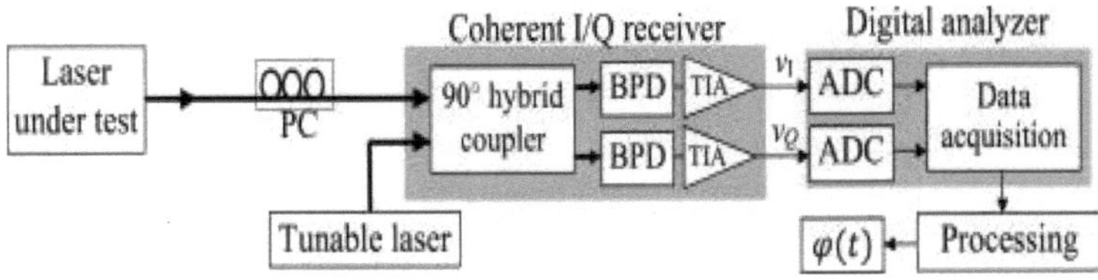

Diagrama de blocos para a deteção de campos ópticos complexos com base num recetor homódino coerente de diversidade de fase, BPD,

fotodíodos balanceados, TIA, amplificador de trans-impedância; ADC, conversor analógico-digital; PC, controlador de polarização.

$$vI(t) = G_{TIA} R A_s(t) A_{LO}(t) \cos(\Delta\varphi(t) - \pi/4)$$
$$vQ(t) = G_{TIA} R A_s(t) A_{LO}(t) \sin(\Delta\varphi(t) - \pi/4)$$

Onde, As(t) e ALO(t) são as amplitudes reais do sinal de entrada e LO, respetivamente. $\Delta\varphi(t) = \varphi_s(t) - \varphi_{LO}(t)$ com $\varphi_s(t)$ e $\varphi_{LO}(t)$ fases ópticas do sinal e do LO, R é a responsividade do foto-detetor e GTIA é o ganho de transimpedância do amplificador elétrico. Assume-se ainda que o LO é ideal com ruídos de amplitude e de fase desprezáveis, de modo que ALO(t) = ALO, $\varphi_{LO}(t) = 0$, e $\Delta\varphi(t) = \varphi_s(t)$, então os dois componentes da fotocorrente podem ser escritos como:

$$vI(t) = G_{TIA} R A_{LO} A_s(t) \cos(\varphi_s(t) - \pi/4) = G_{TIA} R A_{LO} \text{Re}\{E_s(t) e^{-j\pi/4}\}$$
$$vQ(t) = G_{TIA} R A_{LO} A_s(t) \sin(\varphi_s(t) - \pi/4) = G_{TIA} R A_{LO} \text{Im}\{E_s(t) e^{-j\pi/4}\}$$

Onde, Re(x) e Im(x) representam as partes real e imaginária de x, respetivamente, e Es(t) é o campo ótico complexo do sinal. O campo ótico complexo do sinal pode ser reconstruído como:

$$E_s(t) = \eta \left[\text{Re}\{vI(t)\} + j \cdot \text{Im}\{vQ(t)\} \right]$$

Em que, $\eta = e^{j\pi/4}/G_{TIA} R A_{LO}$ é uma constante de proporcionalidade.

Em aplicações práticas, os sinais de tensão vI(t) e vQ(t) correspondentes às componentes I e Q são digitalizados e registados para processamento digital a fim de reconstruir o campo ótico complexo. Numa configuração típica de laboratório, um analisador digital de alta velocidade em tempo real, com duas portas de entrada, é frequentemente utilizado para ADC e aquisição de dados na configuração de deteção coerente I/Q apresentada na figura.

A figura (A) mostra um exemplo das formas de onda vI(t) (linha tracejada) e vQ(t) (linha sólida) medidas por um analisador digital em tempo real com uma taxa de amostragem de 25 GS/s. Na experiência, o díodo laser em teste é um laser DFB com uma largura de linha ao nível dos MHz e é utilizado um laser semicondutor de cavidade externa sintonizável como oscilador local (LO) com uma largura de linha espetral muito inferior (< 50 kHz). Nesta medição, o LO é sintonizado na mesma frequência ótica que o laser em ensaio para a deteção homódina. É muito importante ter o mesmo comprimento de trajeto para os ramos I e Q, a fim de evitar desfasamentos temporais. A figura (B) mostra o espetro de potência do campo ótico complexo reconstruído através da equação e convertido para o domínio da frequência através da transformada rápida de Fourier no processamento digital. Os componentes de alta frequência de - 1 GHz < f < 1 GHz no espetro são principalmente causados pelo ruído ótico de banda larga no sistema de medição, uma vez que o ruído de fase ótico nestas regiões deveria ser muito menor de acordo com o ajuste Lorentziano. Na região de baixa frequência do espetro, como se mostra na figura (C), a forma espetral aproxima-se da Lorentziana, com exceção de dois picos satélites a ± 23 MHz causados principalmente pela reflexão ótica externa de volta ao laser. Uma vantagem única da utilização de um recetor coerente I/Q é a capacidade de recuperar a fase ótica do sinal em função do tempo através de $\varphi(t) = \tan^{-1}[vQ(t)/vI(t)]$, como se mostra na figura (D).

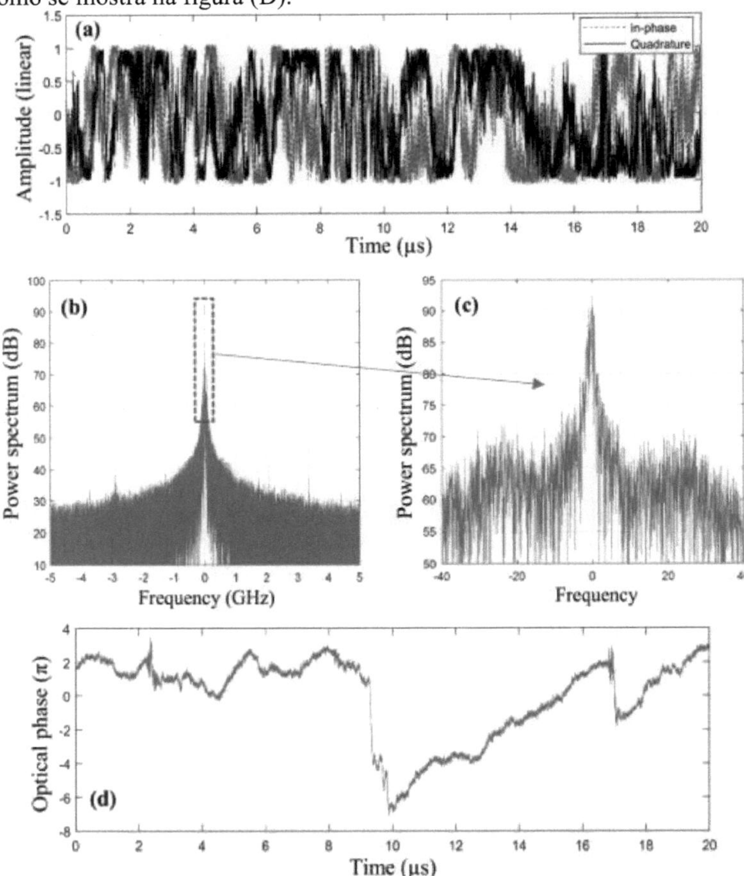

(A) **Formas de onda com valor real vI(t) e vI(t) medidas por um recetor I/Q coerente com deteção homódina. (B) Espectro de RF do campo ótico reconstruído e (C) fase ótica do sinal do espetro em função do tempo.**

Para a deteção homódina, é necessário um alinhamento de frequência preciso entre o LO e o laser em ensaio, o que pode não ser fácil de obter e manter. Na prática, para a deteção coerente utilizando o recetor I/Q apresentado na figura, pode também ser utilizada a deteção heteródina. O espetro heteródino centralizado numa frequência intermédia fIF pode ser reduzido em frequência por -fIF num processo digital para obter um espetro homódino.

Na deteção heteródina, as seguintes equações passam a ser:

$$vIt=GTIARALOReEstej2\pi fIFte\text{-}j\pi/4$$
$$vQt=GTIARALOImEstej2\pi fIFte\text{-}j\pi/4$$

e,

$$Est=\eta RevIt+j\cdot\ ImvQte\text{-}j2\pi fIFt$$

A figura (A) mostra vI(t) (linha tracejada) e vQ(t) (linha sólida) medidos por uma análise digital em tempo real. Como resultado, tanto vI(t) como vQ(t) variam rapidamente no domínio do tempo devido à frequência intermédia não nula, e apenas uma pequena secção de 20 ns é mostrada na figura (A) para maior clareza da visualização.

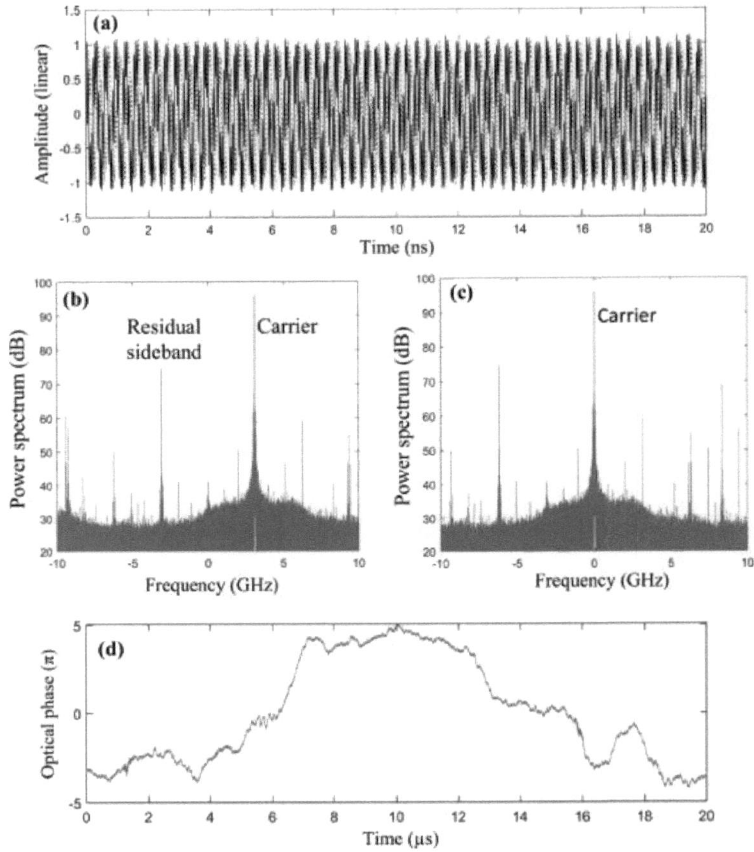

(A) Formas de onda com valor real vI(t) e vI(t) medidas por um recetor coerente I/Q com deteção heteródina. (B) Espectro de RF da deteção heteródina com frequência intermédia fIF = 3,08 HGz. (C) Espectro ótico do sinal após a conversão em frequência descendente e (D) fase ótica do sinal recuperada em função do tempo.

A figura (B) mostra o correspondente espetro de potência de RF da deteção heteródina, em que se verifica que a frequência intermédia é fIF = 3,08 GHz. Na deteção coerente tradicional sem diversidade de fase, apenas se obtém um sinal de fotocorrente com valor real, pelo que as bandas laterais positiva e negativa do espetro de RF são redundantes e exatamente simétricas. Para um recetor coerente I/Q em que as partes real e imaginária do sinal ótico são detectadas e representadas por vI(t) e vQ(t), o espetro de potência de RF de Es(t)ej2πfIFt mostrado na figura (B) é substancialmente de banda lateral única. O pico espetral em -fIF, cerca de 20 dB mais baixo

156

do que a portadora em fIF, é causado pelo desequilíbrio da deteção I/Q, quer pela diferença de amplitude quer de fase entre os canais I e Q. Uma vez que tanto vI(t) como vQ(t) são registados digitalmente e que o valor de fIF é fácil de encontrar na figura (B), é simples aplicar uma translação de frequência com e- j2πfIFt para converter a heterodina em homodina e recuperar Es(t) com o espetro de potência apresentado na figura (C). Em seguida, a fase ótica de φ(t) em função do tempo pode ser recuperada como se mostra na Figura (D).

A vantagem distinta da deteção coerente I/Q é a capacidade de reconstruir o campo ótico complexo do sinal ótico, de modo a que a fase ótica do sinal φ(t) em função do tempo possa ser medida. No entanto, a propriedade de ruído de fase, especialmente na região de baixa frequência, pode exigir um longo tempo de medição para ter significado estatístico. Isso requer grande memória para aquisição e processamento de dados. Além disso, o ruído de fase do LO não pode ser separado da fase ótica medida e, portanto, o LO com baixo ruído de fase precisa ser usado nas técnicas de deteção homódina e heteródina coerentes discutidas aqui.

6.3. Técnica multi-heteródina para caraterizar as propriedades espectrais de pentes de frequência de laser semicondutor

Os pentes de frequências ópticas coerentes têm sido utilizados na metrologia de precisão, bem como nas comunicações ópticas [4]. As portadoras ópticas mutuamente coerentes em sistemas multiplexados por divisão do comprimento de onda (WDM) com deteção coerente permitem a sobreposição espectral entre canais adjacentes para aumentar a eficiência espectral [5, 6]. Devido à ortogonalidade de fase entre canais adjacentes, a diafonia causada pela sobreposição espectral induzida pela modulação entre canais adjacentes pode ser eliminada com o processamento de sinais no domínio elétrico.

Os lasers de fibra passivamente bloqueados por modo, que serão abordados no Capítulo 5, podem gerar pentes de frequência coerentes de alta qualidade, frequentemente utilizados em metrologia. Estes lasers de fibra têm tipicamente taxas de repetição da ordem dos 100 MHz, devido aos comprimentos de cavidade relativamente longos. Foram também demonstradas várias outras técnicas para gerar pentes de frequência coerentes, incluindo a mistura paramétrica dispersiva em fibras altamente não lineares e ressoadores em anel [7] e a modulação de banda lateral única suportada pela portadora em laços de recirculação de fibra ótica [8]. Em comparação, os pentes de frequência de laser semicondutor com bloqueio de modo [9-12] têm as vantagens únicas de serem miniaturas, de terem baixo consumo de energia e de serem altamente fiáveis para satisfazer as normas de telecomunicações. No entanto, devido à emissão espontânea e ao chirp de frequência inerentes aos lasers semicondutores, a estabilidade de frequência e de fase destes lasers é geralmente inferior à dos pentes baseados em fibra com bloqueio passivo de modo. Embora as flutuações de fase ótica em modo comum contribuam para a largura de linha espectral, o impacto do ruído de fase em modo diferencial é normalmente a principal preocupação em aplicações multi-comprimento de onda. O ruído de fase de modo comum refere-se ao ruído de fase de cada linha espectral individual, enquanto o ruído de fase de modo diferencial se refere às variações de fase relativas entre diferentes linhas espectrais.

Um trem de impulsos ópticos ultra-curtos com um tempo de repetição TR corresponde a uma estrutura em pente no domínio da frequência com uma separação de frequência F = 1/TR entre linhas espectrais adjacentes. Um pente de frequências ideal tem uma frequência de repetição F constante e todas as linhas espectrais são mutuamente coerentes. Mas um pente de frequências prático, especialmente um dispositivo baseado num laser de díodo bloqueado passivamente, tem sempre ruído de fase e ruído de intensidade relativa (RIN), o que dificulta as suas aplicações em metrologia e comunicações ópticas. As fases ópticas das linhas espectrais num laser de díodo bloqueado por modo passivo estão relacionadas, e foi previsto teoricamente que o ruído de fase de cada linha espetral ótica pode ser expresso como [13]:

$$\phi nt = \phi rt + \Delta\phi r, nt = \phi rt + r - n\delta\phi t$$

Em que, $\varphi r\,(t)$ é uma fase de modo comum variável no tempo de uma linha espetral específica com índice de linha r, $\Delta\varphi r, n(t)$ é a fase diferencial entre a linha espetral n e r em que n é uma variável, e $\delta\varphi(t)$ é a fase intrínseca de modo diferencial (IDMP) que é definida como a fase diferencial entre linhas espectrais adjacentes.

A fase ótica $\varphi n(t)$ de cada linha espetral é um processo aleatório, e a largura da linha espetral também pode ser avaliada como [14]:

$$\Delta v = 2\pi f 2 S\varphi f$$

Onde, $S\varphi(f)$ é a densidade espetral de potência (PSD) dependente da frequência da variação de fase ótica $\varphi(t)$. Por simplicidade, assumimos que o ruído de fase $\varphi(t)$ é um passeio aleatório gaussiano branco, então a sua PSD é proporcional a $f-2$, e assim $f2 S\varphi(f)$ deve ser independente da frequência.

Para um pente de frequências ótico com o ruído de fase descrito pela equação, a largura da linha espetral da enésima linha espetral pode ser expressa por [15]:

$$\Delta vn = \Delta vr + \Delta v diff \lambda \text{-} \lambda rF \lambda r2/c2$$

Onde, Δvr é a largura de linha espetral de modo comum da linha espetral de referência r no comprimento de onda λr, e $\Delta v diff$ é a largura de linha diferencial intrínseca atribuída ao ruído IDMP entre linhas espectrais adjacentes separadas pela frequência de repetição de impulsos F. Enquanto a largura de linha de modo comum num laser de díodo passivamente bloqueado por modo tem origem na emissão espontânea e pode ser prevista pela fórmula de Schawlow-Townes modificada [16], a largura de linha de modo diferencial é principalmente atribuída à instabilidade temporal entre impulsos.

Teoricamente, se não houver correlação entre os ruídos de fase do modo comum e do modo diferencial, o jitter de temporização $\delta tj(t)$ é linearmente proporcional ao IDMP $\delta\varphi(t)$, conforme [17]:

$$\delta tjt = \delta\phi t2\pi F$$

Isto indica que o jitter de temporização $\delta tj(t)$ é também um passeio aleatório gaussiano branco. A natureza estatística do jitter de temporização pode ser quantificada pelo seu desvio padrão σ, que é proporcional à raiz quadrada do tempo de observação T. Ou seja, $\sigma T = D \cdot T$, onde D é comumente referido como uma constante de difusão (Rosales et al., 2012).

Do ponto de vista da medição, o ruído de fase em modo comum pode ser medido diretamente através da caraterização de cada linha espetral separadamente, ao passo que, para medir o ruído de fase diferencial, têm de ser utilizadas simultaneamente várias linhas espectrais para incluir a correlação de fase entre essas linhas espectrais. Os lasers de fibra passivamente bloqueados por modo e os lasers de estado sólido bombeados por díodo, como os lasers de Ti: safira e Nd:YAG, têm normalmente taxas de repetição inferiores a 100 MHz, o que permite misturar e medir um grande número de linhas espectrais ópticas discretas dentro da largura de banda eléctrica, digamos 10 GHz, de um fotodíodo de banda larga e de um analisador de espetro RF. Deste modo, podem ser medidas as variações de fase relativas e a coerência mútua entre diferentes linhas espectrais. Para lasers semicondutores passivamente bloqueados com taxas de repetição de dezenas de GHz desejáveis para comunicações ópticas WDM, seria necessária uma largura de banda eléctrica de THz para que o recetor incluísse simultaneamente várias linhas espectrais, o que não é viável. A seguir, mostramos que este problema pode ser resolvido utilizando um método de deteção multi-heteródino que permite o downshift simultâneo de um grande número de linhas espectrais ópticas de um pente de frequências ótico para o domínio elétrico [18]. Os ruídos de fase em modo comum e em modo diferencial podem ser obtidos através da análise das formas de onda no domínio elétrico.

6.4. Larguras de linha espectrais

As larguras de linha espectrais podem ser medidas utilizando a deteção heteródina coerente, misturando a saída QD-MLL com um laser sintonizável de cavidade externa (< 100 kHz de largura de linha espetral) num recetor coerente I/Q. As fotocorrentes I e Q foram digitalizadas e registadas por um osciloscópio de dois canais em tempo real a uma taxa de amostragem de 50 GS/s. Os espectros de RF complexos são derivados da transformação de Fourier destas fotocorrentes. A figura (A) apresenta um exemplo do espetro de RF medido. Tal como ilustrado na parte superior da figura (A), suponha-se que existem três linhas espectrais a1, a2 e a3 do QD-MLL perto da frequência ótica do oscilador local ELO. A frequência ótica do oscilador local é fixada a cerca de 2,9 GHz de distância da linha espetral mais próxima (a2) do QD-MLL e o recetor coerente I/Q desvia o espetro ótico para o domínio RF com três linhas espectrais RF a1ELO, a2ELO e a3ELO a - 8,1 GHz, 2,9 GHz e 13,9 GHz, respetivamente. A natureza complexa da fotocorrente composta obtida a partir da deteção coerente I/Q evita o aliasing espetral em torno da frequência zero. A FWHM de cada linha espetral de RF pode ser avaliada a partir dos sinais de fotocorrente I/Q registados com base na PSD Sϕ(f) da fase ótica definida pela Equatina. A inserção da Figura (B) mostra um exemplo do Sϕ(f) medido, que tem uma inclinação caraterística de - 20 dB/década em relação à frequência na região de baixa frequência até 10 MHz, de modo que f2Sϕ(f) deve ser relativamente independente da frequência nesta região. Por conseguinte, a largura da linha pode ser obtida calculando a média dos valores de 2πf2Sϕ(f) entre 100 kHz e 10 MHz.

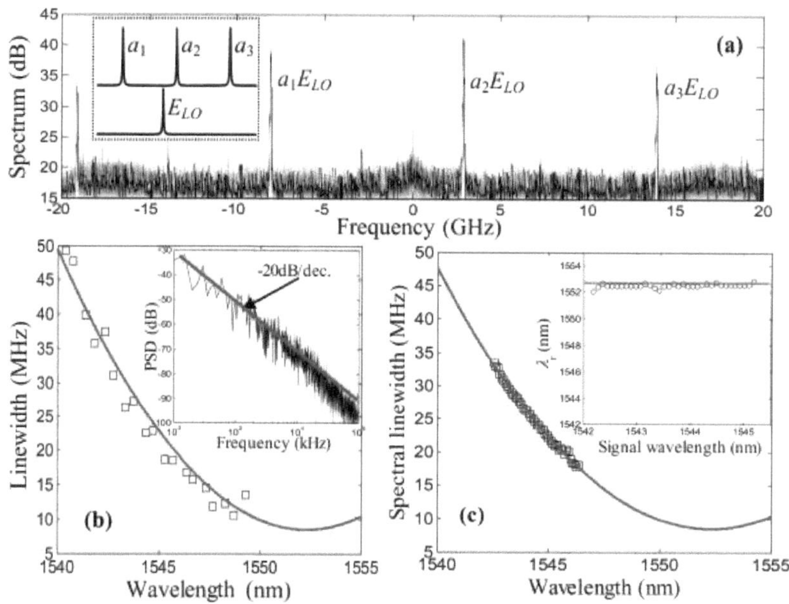

(A)   Exemplo de um espetro medido de deteção heteródina, (B) utilizando um laser de cavidade externa sintonizável como oscilador local, larguras de linha espectrais medidas (quadrados sólidos) de linhas espectrais em diferentes comprimentos de onda de PDS e ajuste de -20 dB/década, e (C) comprimento de onda da largura de linha mínima prevista pela correlação mínima entre os ruídos de modo comum e IDMP.

Ajustando o comprimento de onda do oscilador local de 1540 a 1549,5 nm, medimos as larguras de linha de diferentes linhas espectrais do QD-MLL nessa gama. Os resultados são apresentados como quadrados sólidos na Figura (B). A linha sólida na Figura (B) mostra a dependência parabólica ajustada com o comprimento de onda, tal como definido na equação, com $\Delta\nu r = 8,5$ MHz como a largura de linha mínima extrapolada no comprimento de onda $\lambda r = 1552,3$ nm, que se situa fora do espetro de emissão do pente, e $\Delta\nu diff = 2,1$ kHz como a largura de linha atribuída ao ruído IDMP entre linhas espectrais adjacentes separadas por $F = 11$ GHz. A forma parabólica da largura de linha em função do comprimento de onda mostrada na Figura (B) está de acordo com as anteriormente registadas [19, 20]. A localização do mínimo da largura da linha fora do espetro de emissão é invulgar, mas esta observação é também apoiada por medições multi-heteródinas relatadas abaixo. A deslocação da linha espetral de largura de linha mínima do centro do espetro ótico é atribuída aos impulsos quirados temporalmente assimétricos em [21].

A fim de medir um grande número de linhas espectrais do QD-MLL em simultâneo e investigar as relações de fase entre essas linhas, foi implementada uma configuração de medição multi-heteródina, na qual foi criado um pente de referência através de um circuito de recirculação. A figura mostra o diagrama de blocos da instalação experimental com os pormenores da implementação do pente de referência. Um modulador electro-ótico I/Q no interior de um laço de recirculação efectua a modulação de banda lateral única com supressão da portadora no sinal ótico de entrada [22].

Este modulador é acionado por um oscilador de RF com uma frequência $F + \delta f$ (com F = 11 GHz). O oscilador RF determina a frequência de repetição do pente de referência. δf = 200 MHz define a diferença de frequência entre o pente de referência e o QD-MLL. Um laser semicondutor de cavidade externa sintonizável com uma frequência ótica f0 serve de semente. Tem uma largura de linha espetral < 100 kHz. Dois amplificadores de fibra dopada com érbio (EDFA) intra-loop compensam a perda de potência dos componentes ópticos e a eficiência de modulação do modulador I/Q. Em cada ida e volta do circuito, o sinal ótico é deslocado em frequência por $F + \delta f$. Um filtro passa-banda ótico de 4 nm, O-BPF, limita a largura de banda ótica do pente de referência. O alinhamento das linhas espectrais na deteção multi-heteródina é ilustrado na Fig. 3.2.19B e, experimentalmente, a frequência ótica da primeira linha espetral do pente de referência, f0, pode ser ajustada em relação à frequência de uma determinada linha espetral do QD-MLL. A diferença de espaçamento entre modos, δf, pode ser ajustada com o acionamento de RF no modulador I/Q. Os dois pentes são misturados num recetor coerente com fotodetectores equilibrados que fornecem fotocorrentes em fase (I) e em quadratura (Q). Um controlador de polarização é utilizado para fazer corresponder o estado das polarizações entre o pente de referência e o QD-MLL. Um analisador digital de dois canais, também vulgarmente designado por osciloscópio em tempo real, com uma taxa de amostragem de 50 GS/s, foi utilizado para registar as formas de onda das fotocorrentes I e Q, e um espetro de RF multi-heteródino complexo com espaçamento de frequência δf entre linhas espectrais de RF adjacentes é obtido através de uma transformada de Fourier. δf = 200 MHz foi escolhido na experiência para evitar a sobreposição espetral entre linhas espectrais adjacentes no domínio RF.

A figura mostra os espectros ópticos do QD-MLL juntamente com o pente de referência gerado pelo ressonador de loop de recirculação com um filtro ótico passa-banda (1542,3-1546,5 nm) a uma frequência de repetição de 11,2 GHz. Dentro da largura de banda ótica de 4,2 nm (~ 525 GHz), o pente de referência tem aproximadamente 50 linhas espectrais.

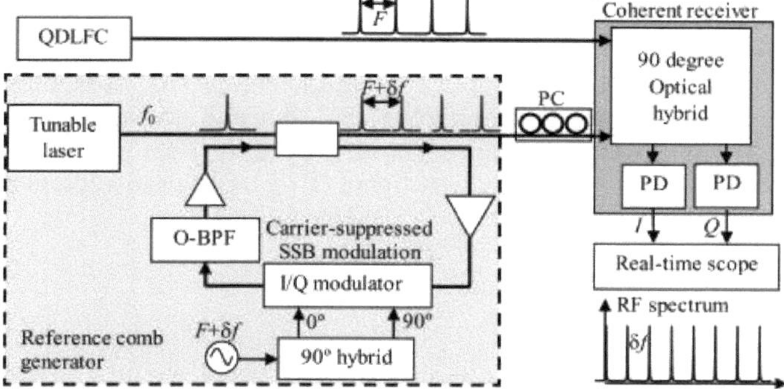

Configuração experimental para a experiência multi-heteródina, em que uma referência
comb é gerado por um ressonador de loop de recirculação.

A variação da magnitude das linhas de pente de referência ao longo do comprimento de onda é causada principalmente pela dispersão do modo de polarização (PMD), uma vez que o loop é composto por uma mistura de fibra de manutenção da polarização (PM) (pigtails do modulador I/Q) e fibra não-PM (EDFA), que criou uma rotação de polarização dependente do comprimento de onda. O ruído de emissão espontânea amplificada (ASE) também se acumula no circuito, degradando a relação sinal-ruído ótico (OSNR), especialmente no lado de comprimento de onda longo. No entanto, desde que o SNR de cada linha espetral no espetro de RF seja suficientemente elevado (ver Figura), a recuperação da fase não será afetada significativamente pela planura das amplitudes das linhas.

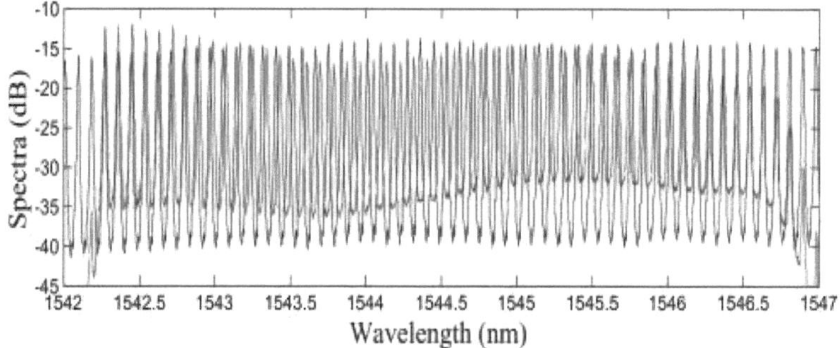

Espectros ópticos medidos da fonte laser em pente (azul (cinzento claro na versão impressa) representados juntamente com o pente de

referência (vermelho (cinzento escuro na versão impressa) na janela de comprimento de onda de 1542,3-1546,5 nm.

As figuras A e B mostram os espectros de dupla face obtidos a partir das transformadas de Fourier das fotocorrentes i1(t) e i2(t) das equações, respetivamente. Na banda lateral positiva da Figura (A), cada linha é a mistura entre An e Bn (k = n na Equação), enquanto no lado negativo do espetro da Figura (A), cada linha é a mistura entre An + 1 e Bn (k = n - 1 na Equação). O espetro apresentado na figura (B) é o conjugado complexo do espetro apresentado na figura (A).

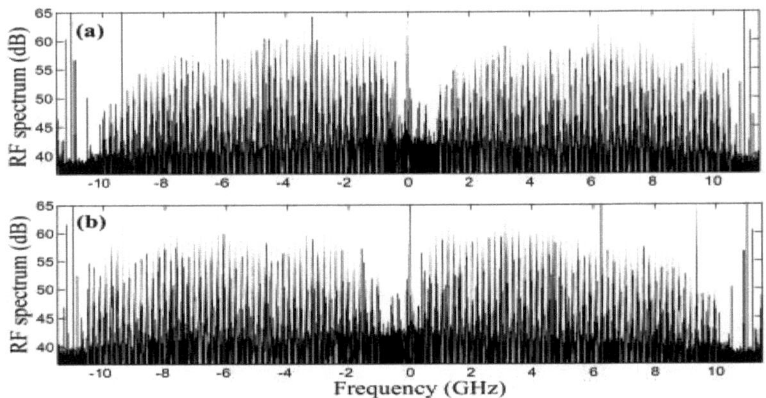

Espectros de RF obtidos por transformada de Fourier de (A) iI(t)-jiQ(t) e
(B) iT(t)+jiQ(t).

Uma vez que cada linha espetral de RF apresentada na Figura é uma linha espetral ótica do QD-MLL com uma redução de frequência, inclui ruídos de fase de modo comum e diferencial. Para separar as contribuições do modo comum e das fases diferenciais em função do tempo, utilizámos a técnica de mistura de RF no domínio digital, tal como descrito nas equações. Por conveniência, a Figura (A) mostra o lado de frequência positiva da Figura (A), que inclui cerca de 55 linhas espectrais de QD-MLL na janela de 1542,3 a 1546,5 nm. A mistura RF utilizando a mésima linha espetral como referência de fase pode remover a contribuição de φr(t) do espetro multi-heteródino, e o impacto da fase do pente de referência φB(t) também é removido como indicado na Equação. Para a figura (B), a linha espetral de índice mais baixo é utilizada como referência de fase (m = 1), correspondendo à linha espetral ótica a 1542,3 nm. Consequentemente, tem a largura de linha espetral mais estreita e a densidade espetral de pico mais elevada. Devido ao ruído de fase diferencial em relação a esta linha espetral de referência, a largura de linha aumenta e a densidade espetral de pico diminui com o aumento do índice de linha | n |. A figura (C) mostra o espetro em que a referência de fase é escolhida no meio da banda com m = 25, correspondendo a um comprimento de onda ótico de aproximadamente 1544,5 nm. Assim, a frequência relativa é zero na 25ª linha espetral a contar do lado esquerdo do espetro, que tem a largura de linha mais estreita e a densidade espetral de pico mais elevada.

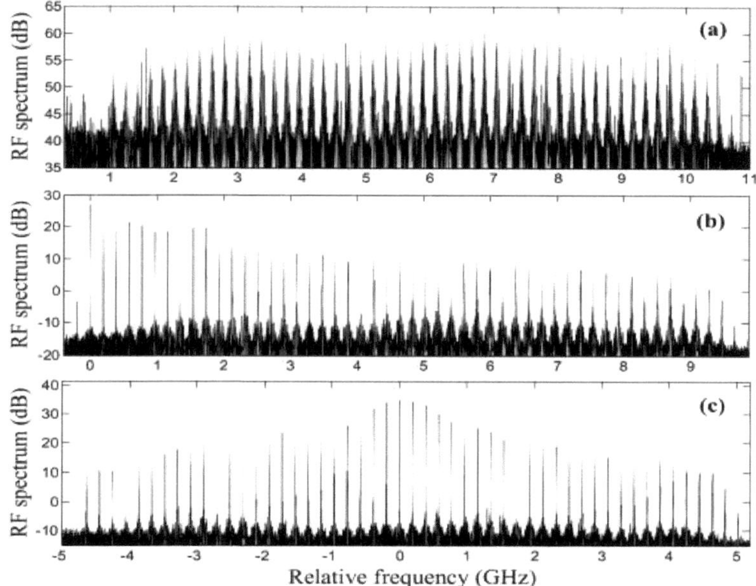

(A) **Lado de frequência positiva do espetro de radiofrequência multi-heteródino. (B) Espectro obtido após a remoção do ruído de fase de modo comum, utilizando a primeira linha espetral (m = 1) como referência. (C) O mesmo que em (B), mas utilizando a linha espetral de 25th (m =25(como referência de fase.**

O cancelamento do ruído de fase ótico de modo comum através da mistura de RF permite a avaliação do ruído de fase diferencial, que determina a coerência mútua entre diferentes linhas espectrais. A figura (A) mostra as formas de onda da fase diferencial em função do tempo para as linhas espectrais de n = 1, 10, 20, 30 e 40, sendo a primeira linha (m = 1) utilizada como linha de referência. Estas formas de onda de fase diferencial foram obtidas deslocando a frequência central da linha espetral alvo, n, na Figura (B) para zero e extraindo a informação de fase $\Delta\varphi mn(t)$ por processamento digital. Neste processo, a fase diferencial média dentro da janela de tempo de observação foi fixada em zero. É evidente que as formas de onda da fase diferencial de diferentes linhas espectrais estão altamente correlacionadas com um fator de correlação de > 97% para todos os traços apresentados na figura (A). A Figura (B) mostra as formas de onda da fase diferencial das linhas n = 1, 10, 20, 30 e 40 normalizadas pela separação da linha em relação à linha de referência m; isto resulta no IDMP $\delta\varphi(t) = \Delta\varphi mn(t)/(n - m)$, para $n \neq m$, que é a fase diferencial entre linhas espectrais adjacentes. As formas de onda quase idênticas de $\delta\varphi(t)$ obtidas a partir de um grande número de linhas espectrais mostradas na Figura (B) sugerem que elas foram originadas a partir de uma fonte de perturbação comum, que é o jitter de temporização.

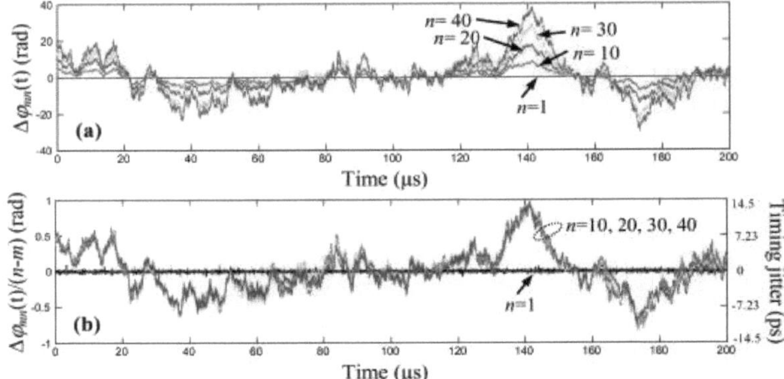

(A) Fase diferencial das linhas 1, 10, 20, 30 e 40 em função do tempo com m =1 como linha de referência, e (B) fase diferencial normalizada pela separação das linhas com a linha de referência m.

Demonstramos que a equação é válida independentemente da seleção da linha de referência. A Figura (A, B) mostra a fase diferencial $\Delta\varphi mn(t)$ e o IDMP $\delta\varphi(t)$, respetivamente, onde m = 25 é a linha de referência escolhida (no meio da janela espetral).

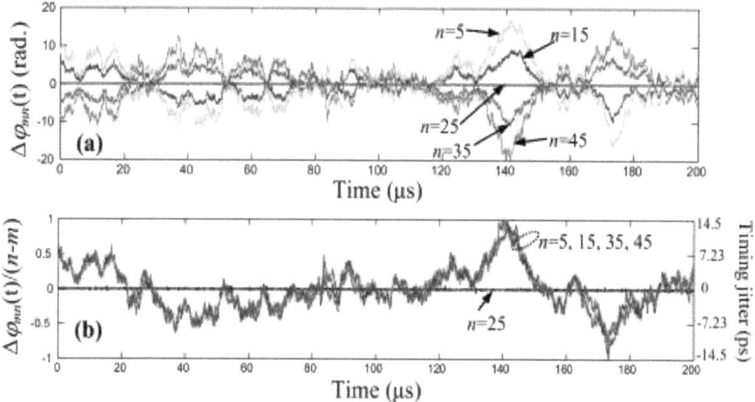

O mesmo que acima, exceto que m = 25 é escolhido como linha de referência.

A n-independência observada do IDMP $\delta\varphi(t)$ é consistente com uma interpretação do jitter de temporização. Os eixos y direitos de (B)'s nas duas Figuras indicam os valores correspondentes de jitter de temporização, que estão linearmente relacionados com $\delta\varphi(t)$, tal como definido pela Equação. Dentro do tempo de observação de 200 µs, o jitter de temporização pode atingir até ± 14 ps. O desvio padrão de $\delta\varphi(t)$ pode ser encontrado como $\sigma = $ 4,4 ps dentro deste tempo de observação, correspondendo a uma constante de difusão D = 9,7 × 10- 5fs.

Uma vez atribuída uma linha espetral de referência, a largura da linha espetral do ruído de fase diferencial pode ser obtida a partir das densidades espectrais de potência destas formas de onda de fase diferencial $\Delta\varphi mn(t)$ (apresentadas (A's) nas duas figuras) com base na Equação. A figura seguinte mostra a largura de linha do ruído de fase diferencial medido em função de n. Com m = 1 usado como referência na Figura (B), a largura de linha aumenta monotonicamente à medida que o índice de linha aumenta e atinge ~ 5 MHz no índice de linha máximo de n = 49, uma separação de frequência de 520 GHz (~ 4.2 nm) da referência. Quando m = 25 é escolhido como referência, como mostrado na Fig. 3.2.25C, as larguras de linha aumentam parabolicamente em ambos os lados da referência, como mostrado na Figura (B).

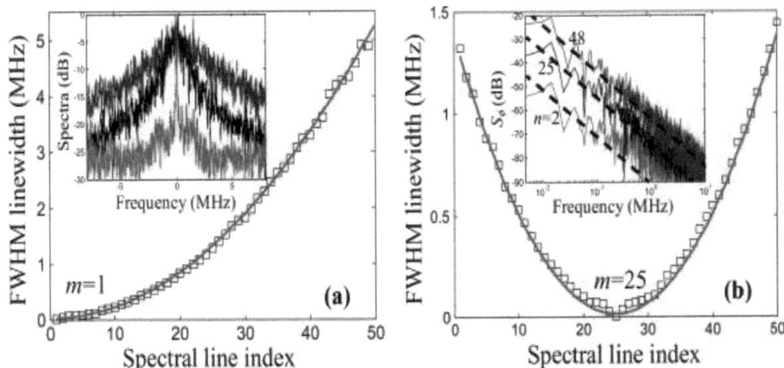

**Largura da linha espetral FWHM em função do índice da linha
espetral para a linha de referência escolhida como m=1 (A) e m=25 (B).**

As linhas sólidas nas Fig. 3.2.28A e B mostram o ajuste parabólico à
largura diferencial da linha em função do índice de linha n por:

$$(3.2.55)\; \Delta vn = \Delta vam + n\text{-}m2\Delta vpm$$

Em que m = 1 e m = 25 são os índices das linhas espectrais de referência
utilizadas na figura (A e B), respetivamente. Δvam = 15 kHz e Δvpm = 2,1
kHz são utilizados para melhor ajustar os resultados medidos em ambos os
pontos (A) e (B) da figura.

Como a densidade espetral de potência de RF é a autocorrelação do
campo ótico nesta medição, o ruído de amplitude contribui para a largura da
linha espetral medida (Finch et al, 1990; Vonder Linde, 1986), que é
representado por Δvam, e o seu impacto é independente do índice de linha n.
Enquanto que Δvpm é o mesmo que $\Delta vdiff$ definido na equação, que tem
origem no jitter de temporização e introduz ruído de fase diferencial entre
linhas espectrais, pelo que a largura de linha diferencial aumenta
quadraticamente à medida que o índice de linha se afasta da linha de
referência (Vonder Linde, 1986). As inserções na Fig. 3.2.28A mostram
exemplos de formas de linhas espectrais com n = 2, 25 e 48 com m = 1 como
linha de referência. As densidades espectrais de potência correspondentes do
ruído de fase Sφ(f) destas três linhas espectrais são mostradas no interior da
Fig. 3.2.28B, com linhas rectas tracejadas que representam o declive de - 20
dB/década, indicando estatísticas gaussianas clássicas do ruído de fase na
região de baixa frequência inferior a 10 MHz.

Para concluir, esta secção introduziu uma técnica de deteção multi-
heteródina que se baseia na mistura coerente I/Q com um pente de

frequências de referência. Esta técnica permite a medição simultânea do ruído de fase diferencial entre um grande número de linhas espectrais numa vasta gama de separações de frequências ópticas e simplifica grandemente a caraterização do ruído de fase dos lasers de díodo bloqueados por modo, em comparação com as técnicas que utilizam um par de lasers sintonizáveis de referência. As formas de onda dos ruídos de fase de modo comum e diferencial de um QD-MLL foram medidas para demonstrar a técnica. Os ruídos de fase diferencial normalizados entre diferentes linhas espectrais de um QD-MLL estão predominantemente correlacionados, indicando que são originados pelo mesmo jitter de temporização, que tem um desvio padrão de 4,4 ps dentro do tempo de observação de 200 µs.

6.5. Referências

[1]. Agrawal e Dutta, 1986.
[2]. Wang e Petermann, 1992.
[3]. Nazarathy et al., 1989.
[4]. Hall, 2006; Hänsch, 2006.
[5]. Ellis e Gunning, 2005.
[6]. Jinno et al., 2009.
[7]. Ataie et al., 2015; Matsko et al., 2011.
[8]. Li et al., 2011.
[10]. Sato, 2003
[11]. Rafailov et al., 2007
[12]. Lu et al., 2008
[13]. Rosales et al., 2012.
[14]. Paschotta et al., 2006
[15]. Habruseva et al. 2009
[16]. Paschotta, 2004
[17]. Rosales et al., 2012
[18]. Klee et al., 2013
[19]. Rosales et al., 2012
[20]. Habruseva et al., 2009.
[21]. Habruseva et al. 2009
[22]. Li et al., 2011.

Capítulo (7)
Terapia laser

7.1. Poder curativo da terapia com laser

A terapia laser é um tratamento médico moderno que utiliza um feixe de luz com um comprimento de onda específico para estimular a cicatrização dos tecidos e tratar a dor e a inflamação de uma forma não invasiva. O termo "LASER" é também conhecido como "Light Amplification by Stimulated Emission of Radiation" (amplificação da luz por emissão estimulada de radiação). O feixe de laser é focado na área afetada, onde a energia da luz penetra na pele e é absorvida pelos tecidos, desencadeando respostas biológicas que promovem a cicatrização.

Esta terapia eficaz tem sido utilizada em vários contextos médicos, incluindo ortopedia, odontologia, dermatologia e medicina veterinária. Trata várias condições, tais como dores nas articulações, artrite, síndrome do túnel cárpico, fibromialgia, dores nas costas, neuropatia, feridas, queimaduras, cicatrizes e cancro. O tratamento é seguro, eficaz e indolor, com poucos efeitos secundários.

A terapia laser está a ganhar popularidade como um procedimento minimamente invasivo que oferece uma opção segura e eficaz para o controlo da dor, cicatrização de feridas e remoção de tumores. É frequentemente utilizada com outros tratamentos, como a fisioterapia, a medicação ou a cirurgia, para obter melhores resultados. À medida que a tecnologia avança e mais investigação é realizada, espera-se que a terapia laser continue a revolucionar a medicina moderna.

7.2. Tipos de terapia laser

Existem dois tipos principais de terapia laser utilizados em medicina: terapia laser de baixa intensidade (LLLT) e terapia laser de alta intensidade (HILT). A LLLT estimula o tecido utilizando um laser de díodo ou semicondutor, enquanto a HILT utiliza um laser mais potente para aquecer e destruir o tecido numa área específica. Os sistemas de terapia laser mais comuns incluem os lasers CO2, Er: YAG e Nd: YAG.

Terapia laser de baixo nível - A terapia laser de baixo nível estimula e aumenta a regeneração dos tecidos através da libertação de óxido nítrico e endorfinas. Esta libertação ajuda a reduzir a dor, o inchaço e a inflamação, bem como ajuda no relaxamento e regeneração muscular.

Terapia laser de alta intensidade - A terapia laser de alta intensidade trata vários problemas através da destruição de tecidos patológicos e da indução de uma resposta inflamatória. A HILT é normalmente utilizada para tratamentos de pele, como a remoção de cicatrizes e o tratamento de danos causados pelo sol. Também pode ser utilizado para tratar problemas dentários, como a ablação de cáries e a preparação de obturações.

7.3. Utilizações da terapia laser

- encolher ou destruir tumores, pólipos ou crescimentos pré-cancerosos
- aliviar os sintomas do cancro
- remover cálculos renais
- remover parte da próstata
- reparar um descolamento da retina
- melhorar a visão
- tratar a queda de cabelo resultante da alopécia ou do envelhecimento
- tratar a dor, incluindo a dor nos nervos das costas - Os lasers podem ter um efeito acauterizante ou selante e podem ser utilizados para selar:
- terminações nervosas para reduzir a dor após a cirurgia
- vasos sanguíneos para ajudar a evitar perdas de sangue
- vasos linfáticos para reduzir o inchaço e limitar a disseminação das células tumorais= Os lasers podem ser úteis no tratamento das fases muito precoces de alguns cancros, incluindo:
- cancro do colo do útero
- cancro do pénis
- cancro da vagina
- cancro da vulva
- cancro do pulmão de células não pequenas
- cancro da pele de células basais

No caso do cancro, a terapia laser é normalmente utilizada juntamente com outros tratamentos, como a cirurgia, a quimioterapia ou a radiação. A terapia laser também é utilizada a nível cosmético para:

- remover verrugas, toupeiras, marcas de nascença e manchas solares
- remover pêlos
- atenuar o aparecimento de rugas, manchas ou cicatrizes
- remover tatuagens

7.4. Benefícios da terapia com laser e papel da fisioterapia

A terapia laser tem inúmeros benefícios potenciais, e a fisioterapia pode ser fundamental para otimizar esses benefícios. Aqui estão alguns dos seus benefícios e como a fisioterapia pode ajudar:

7.4.1. Alívio da dor

- Estimula a produção de analgésicos naturais e diminui as substâncias químicas que desencadeiam a sensação de dor.
- Pode ser especialmente útil para indivíduos com dor crónica ou aguda relacionada com lesões ou outras condições.
- Os fisioterapeutas podem utilizar a terapia laser e outras técnicas, como o exercício e a terapia manual, para aumentar a sua eficácia no tratamento de doenças músculo-esqueléticas.

7.4.2. Redução do inchaço

- Pode reduzir o inchaço, aumentando a circulação sanguínea e promovendo uma cicatrização mais rápida.
- Melhoria da drenagem dos produtos tóxicos.
- Os fisioterapeutas podem utilizar a terapia laser como um plano de tratamento abrangente para melhorar a saúde e o bem-estar geral.

7.4.3. Rejuvenescimento da pele

- Pode remover verrugas, toupeiras e acne, melhorando a aparência.
- Os fisioterapeutas podem utilizar a terapia laser para ajudar os doentes a atingir os seus objectivos estéticos como parte de um plano de tratamento abrangente.

Ao integrar a terapia laser num plano de tratamento de fisioterapia abrangente, os doentes podem experimentar tempos de recuperação mais rápidos e melhorias mais significativas na sua saúde e bem-estar geral. Os fisioterapeutas podem ajudar os doentes a obter estes benefícios utilizando a terapia laser e outras técnicas para responder às suas necessidades e objectivos.

7.5. Potenciais factores de risco da terapia com laser

Embora a terapia a laser seja geralmente considerada uma opção de tratamento segura e eficaz, existem riscos potenciais associados à sua utilização. Alguns dos riscos potenciais desta terapia incluem os seguintes:

- Irritação da pele ou queimaduras devido à exposição ao laser
- Lesões oculares ou perda de visão devido à exposição ao laser

- Aumento do risco de cancro da pele com a exposição repetida ao laser
- Risco de infeção se o laser for utilizado para tratar uma ferida aberta ou uma infeção

Para minimizar os riscos da terapia a laser, escolha um profissional qualificado, siga as instruções de cuidados pós-tratamento e utilize-a em circunstâncias adequadas. A terapia com laser é segura e eficaz com um profissional qualificado.

7.6.   Escolher a terapia laser correta

A terapia laser pode ser altamente eficaz, mas encontrar o médico certo para efetuar a terapia
é importante. Para encontrar um bom médico para a terapia laser:

- Considere as suas credenciais, experiência, reputação, tecnologia e competências de comunicação.
- Não se contente com qualquer um - escolha um profissional licenciado e experiente que utilize a tecnologia e o equipamento mais recentes.
- Não espere mais para começar a sentir-se melhor.
- Marque hoje uma consulta com um médico de confiança em terapia laser!

7.7.   Preparação para a terapia com laser

Embora o procedimento seja seguro, são necessários alguns preparativos básicos antes da terapia. As preparações comuns incluem:

- Planear o tempo necessário para a recuperação após a cirurgia.
- Providencie a presença de pessoas que o possam acompanhar no regresso a casa após a intervenção. Poderá ainda estar sob o efeito da anestesia geral.
- Consultar o médico para garantir a paragem dos medicamentos regulares na altura certa antes do tratamento. Caso contrário, afectará a coagulação do sangue, especialmente quando os medicamentos contêm anticoagulantes.

7.8.   Experimente os benefícios da terapia laser

Se está à procura de um tratamento eficaz e seguro para várias condições médicas, a terapia laser pode ser a solução que tem procurado. Com a sua capacidade comprovada de reduzir a dor, melhorar a circulação e promover a cura, a terapia laser tem-se tornado cada vez mais popular nos últimos anos. Quer esteja a lidar com dores crónicas ou a tentar recuperar de uma lesão, pode oferecer alívio e ajudá-lo a regressar às suas actividades diárias. Então, porquê esperar? Contacte-nos hoje para obter serviços de laserterapia eficazes e marcar a sua consulta.

7.9. Terapia laser para o cancro

A terapia laser utiliza um feixe de luz muito estreito e focado para encolher ou destruir as células cancerígenas. Pode ser utilizada para cortar os tumores sem danificar outros tecidos. É frequentemente administrada através de um tubo fino e iluminado que é colocado no interior do corpo.

Fibras finas na extremidade do tubo direcionam a luz para as células cancerígenas. Os lasers também são utilizados na pele.

7.9.1. Como é utilizada a terapia laser

A terapia laser pode ser utilizada para:

- Destruir os tumores e os crescimentos pré-cancerosos
- Diminuir os tumores que estão a bloquear o estômago, o cólon ou o esófago
- Ajuda a tratar os sintomas do cancro, como hemorragias
- Tratar os efeitos secundários do cancro, tais como inchaço
- Selar as terminações nervosas após a cirurgia para reduzir a dor
- Selar os vasos linfáticos após a cirurgia para reduzir o inchaço e impedir que as células tumorais se espalhem

Os lasers são mais frequentemente utilizados com outros tipos de tratamento do cancro, como a radiação e a quimioterapia.

Alguns dos cancros que a terapia laser pode tratar incluem

- Peito
- Cérebro
- Pele
- Cabeça e pescoço
- Cervical
- Pulmão

7.9.2. Tipos de terapia laser

Os lasers mais comuns para o tratamento do cancro são:

- Lasers de dióxido de carbono (CO_2). Estes lasers removem camadas finas de tecido da superfície do corpo e do revestimento dos órgãos no

interior do corpo. Podem tratar o cancro da pele de células basais e os cancros do colo do útero, da vagina e da vulva.
- Lasers de árgon. Estes lasers podem tratar o cancro da pele e são também utilizados com medicamentos sensíveis à luz num tratamento denominado terapia fotodinâmica.
- Lasers Nd:Yag. Estes lasers são utilizados para tratar o cancro do útero, do cólon e do esófago. As fibras emissoras de laser são colocadas no interior de um tumor para aquecer e danificar as células cancerígenas. Este tratamento tem sido utilizado para reduzir os tumores do fígado.

7.9.3. Benefícios da terapia com laser

Em comparação com a cirurgia, a terapia laser tem algumas vantagens. Terapia com laser:

- Demora menos tempo
- É mais preciso e causa menos danos nos tecidos
- Diminui a dor, a hemorragia, as infecções e as cicatrizes
- Pode muitas vezes ser efectuada num consultório médico em vez de num hospital

7.9.4. Desvantagens da terapia laser

- Poucos médicos têm formação para o utilizar
- É caro
- Os efeitos podem não ser duradouros, pelo que a terapêutica pode ter de ser repetida

7.10. Referências

[1]. Sítio Web da American Cancer Society. Como os lasers são utilizados para tratar
cancro. www.cancer.org/cancer/mtreatment/lasers-in-cancer treatment.html.
Atualizado a 4 de maio de 2020. Acedido a 2 de abril de 2024.
[2]. Garrett CG, Reinisch L, Fletcher KC Jr. Cirurgia a laser: princípios básicos e
considerações de segurança. Em: Flint PW, Francis HW, Haughey BH, et al,
eds. Cummings Otolaryngology: Head and Neck Surgery. 7ª ed.
Filadélfia, PA: Elsevier; 2021:cap 59.
[3]. Sítio Web do Instituto Nacional do Cancro. Lasers para tratar
cancro. www.cancer.gov/about-cancer/treatment/types/surgery/lasers.

Atualizado a 16 de junho de 2021. Acessado em 2 de abril de 2024. Data de revisão 31/12/2023.
[5].   Todd Gersten, Médico, Hematologia/Oncologia, Florida Cancer Specialists &

Instituto de Investigação, Wellington, FL. Revisão fornecida pela VeriMed

Rede de cuidados de saúde. Também revisto por David C. Dugdale, MD, Médico

Diretor, Brenda Conaway, Diretora Editorial, e o Editorial da A.D.A.M.

Análise de difração laser

8.1. Prefácio

A análise de difração laser, também conhecida como espetroscopia de difração laser, é uma tecnologia que utiliza padrões de difração de um feixe laser passado através de qualquer objeto com dimensões que variam entre nanómetros e milímetros [1] para medir rapidamente as dimensões geométricas de uma partícula. Este processo de análise do tamanho das partículas não

dependem do caudal volumétrico, a quantidade de partículas que passa através de um

superfície ao longo do tempo [2].

Analisador de difração laser,

8.2. Teoria de Fraunhofer vs. Teoria de Mie

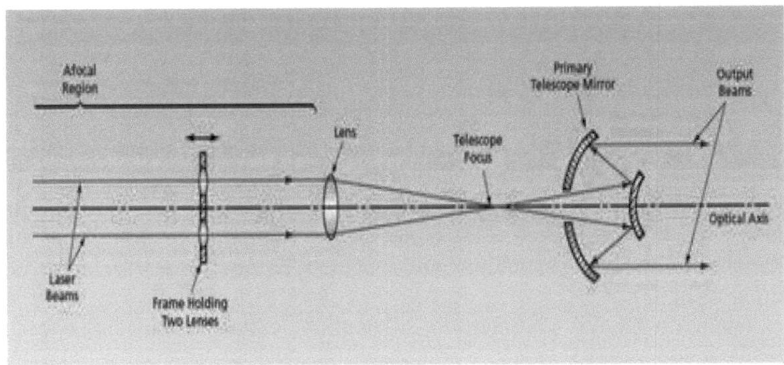

Partículas em movimento através de um feixe de laser paralelo espalhado [3].

A análise da difração laser é originalmente baseada na teoria da difração de Fraunhofer, que afirma que a intensidade da luz dispersa por uma partícula é diretamente proporcional ao tamanho da partícula [4]. O ângulo do feixe de laser e o tamanho da partícula têm uma relação inversamente proporcional, em que o ângulo do feixe de laser aumenta à medida que o tamanho da partícula diminui e vice-versa [5]. O modelo de dispersão de Mie, ou teoria de Mie, é utilizado como alternativa à teoria de Fraunhofer desde a década de 1990.

Os analisadores de difração laser comerciais deixam ao critério do utilizador a utilização da teoria de Fraunhofer ou de Mie para a análise dos dados, daí a importância de compreender os pontos fortes e as limitações de ambos os modelos. A teoria de Fraunhofer apenas tem em conta os fenómenos de difração que ocorrem no contorno da partícula. A sua principal vantagem é que não requer qualquer conhecimento das propriedades ópticas (índice de refração complexo) do material da partícula. Por isso, é normalmente aplicado a amostras de propriedades ópticas desconhecidas ou a misturas de diferentes materiais. Para amostras com propriedades ópticas conhecidas, a teoria de Fraunhofer só deve ser aplicada a partículas com um diâmetro esperado pelo menos 10 vezes superior ao comprimento de onda da fonte de luz e/ou a partículas opacas [6, 7].

A teoria de Mie baseia-se na medição da dispersão de ondas electromagnéticas em partículas esféricas. Assim, tem em conta não só a difração no contorno da partícula, mas também os fenómenos de refração, reflexão e absorção no interior da partícula e na sua superfície [6]. Assim, esta teoria é mais adequada do que a teoria de Fraunhofer para partículas que não são significativamente maiores do que o comprimento de onda da fonte de luz, e para partículas transparentes. A principal limitação do modelo é o facto de exigir o conhecimento preciso do índice de refração complexo (incluindo o coeficiente de absorção) do material da partícula. O limite teórico inferior de deteção da difração laser, utilizando a teoria de Mie, é geralmente considerado como sendo de cerca de 10 nm.

8.3. Configuração ótica

A análise por difração laser é normalmente realizada através de um laser He-Ne vermelho ou de um díodo laser, de uma fonte de alimentação de alta tensão e de uma embalagem estrutural [8]. Em alternativa, podem ser utilizados díodos laser azuis ou LEDs de menor comprimento de onda. A fonte de luz afecta os limites de deteção, sendo os lasers de comprimentos de onda mais curtos mais adequados para a deteção de partículas submicrónicas. A inclinação da energia luminosa produzida pelo laser é detectada fazendo com que um feixe de luz atravesse um fluxo de partículas dispersas e depois um sensor. É colocada uma lente entre o objeto a analisar e o ponto focal do detetor, fazendo com que apenas apareça a difração do laser circundante. As dimensões que o laser pode analisar dependem da distância focal da lente, a distância entre a lente e o seu ponto de focagem. À medida que a distância focal aumenta, a área que o laser pode detetar também aumenta, apresentando uma relação proporcional.

São utilizados vários detectores de luz para recolher a luz difractada, que são colocados em ângulos fixos em relação ao feixe laser. Mais elementos detectores aumentam a sensibilidade e os limites de tamanho. Um computador pode então ser utilizado para detetar as dimensões das partículas do objeto a partir da energia luminosa produzida e da sua disposição, que o computador obtém a partir dos dados recolhidos sobre as frequências e os comprimentos de onda das partículas [5].

Em termos práticos, os instrumentos de difração laser podem medir partículas em suspensão líquida, utilizando um solvente de transporte, ou como pós secos, utilizando ar comprimido ou simplesmente a gravidade para mobilizar as partículas. Os sprays e aerossóis requerem geralmente uma configuração específica [9].

8.4. Resultados

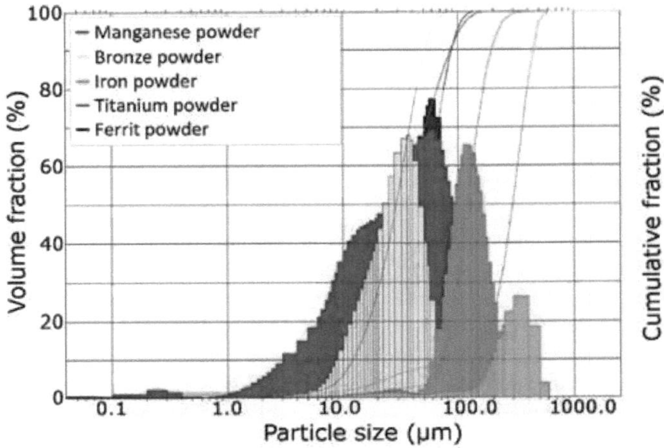

Distribuição granulométrica (densidade e subdimensionamento acumulado) obtidos por difração laser.

8.5. Distribuição do tamanho das partículas ponderada em volume

Uma vez que a energia luminosa registada pelo conjunto de detectores é proporcional ao volume das partículas, os resultados da difração laser são intrinsecamente ponderados em termos de volume [10]. Isto significa que a distribuição do tamanho das partículas representa o volume de material particulado nas diferentes classes de tamanho. Isto contrasta com os métodos ópticos baseados na contagem, como a microscopia ou a análise dinâmica de imagens, que indicam o número de partículas nas diferentes classes de tamanho [11]. O facto de a luz difractada ser proporcional ao volume da partícula também implica que os resultados assumem a esfericidade da partícula, ou seja, que o resultado do tamanho da partícula é um diâmetro esférico equivalente. Por conseguinte, a forma das partículas não pode ser determinada por esta técnica.

A principal representação gráfica dos resultados da difração laser é a distribuição granulométrica ponderada em volume, representada como distribuição de densidade (que realça os diferentes modos) ou como distribuição cumulativa de subdimensionamento.

8.6. Resultados numéricos

Os resultados numéricos de difração laser mais utilizados são:

- O diâmetro mediano ponderado em volume, ou D50. Derivado da curva cumulativa, representa o diâmetro das partículas que separa os 50 % superiores dos dados dos 50 % inferiores.
- Os valores D10 e D90, também derivados da curva cumulativa.
- O diâmetro médio ponderado em volume, também designado por D [4, 3] ou diâmetro médio de De Brouckere.
- A amplitude, que dá uma medida da largura da distribuição do tamanho das partículas, é calculada como amplitude = [D90 - D10]/D50 [12].

8.7. Qualidade dos resultados e validação dos instrumentos

Foram definidas normas harmonizadas para a exatidão e a precisão das medições de difração laser pela ISO, na norma ISO 13320:2020 [13], e pela Farmacopeia dos Estados Unidos, no capítulo USP <429> [14].

8.8. Utilizações

A análise por difração laser tem sido utilizada para medir objectos do tamanho de partículas em situações como:

- observando a distribuição da textura do solo e dos sedimentos, como argila e lama, com ênfase no silte e nos tamanhos das amostras maiores de argila [15].
- determinar medições in situ de partículas em estuários. As partículas nos estuários são importantes porque permitem que as espécies químicas naturais ou poluentes se movimentem com facilidade. O tamanho, a densidade e a estabilidade das partículas nos estuários são importantes para o seu transporte. A análise de difração laser é aqui utilizada para comparar as distribuições de tamanhos de partículas, a fim de apoiar esta afirmação, bem como para encontrar ciclos de mudança nos estuários que ocorrem devido a diferentes partículas [16].
- solo e a sua estabilidade quando húmido. A estabilidade da agregação do solo (aglomerados mantidos juntos por argila húmida) [17] e a dispersão da argila (separação da argila em solo húmido),[18] os dois estados diferentes do solo na região do Cerrado, foram comparados com a análise de difração laser para determinar se a aragem tinha um efeito sobre os dois. As medições foram feitas antes da aração e depois

da aração por diferentes intervalos de tempo. A dispersão da argila não foi afetada pela aração, mas a agregação do solo sim [19].

- deformabilidade dos eritrócitos sob cisalhamento [20]. Devido a um fenómeno especial denominado "tank treading" [20], a membrana do eritrócito (glóbulo vermelho) roda em relação à força de cisalhamento e ao citoplasma da célula, fazendo com que as hemácias se orientem. Os glóbulos vermelhos orientados e esticados apresentam um padrão de difração que representa o tamanho aparente das partículas em cada direção, o que permite medir a deformabilidade dos eritrócitos e a orientabilidade das células. Num ektacytometer [21], a deformabilidade dos eritrócitos pode ser medida sob tensão osmótica variável ou tensão de oxigénio e é utilizada no diagnóstico e acompanhamento de anemias hemolíticas congénitas [22].

8.9. Comparações

Uma vez que a análise por difração laser não é a única forma de medir partículas, foi comparada com o método da pipeta de peneira, que é uma técnica tradicional para a análise do tamanho dos grãos. Quando comparados, os resultados mostraram que a análise por difração laser efectuava cálculos rápidos que eram fáceis de recriar após uma análise única, não necessitava de amostras de grandes dimensões e produzia grandes quantidades de dados. Os resultados podem ser facilmente manipulados porque os dados estão numa superfície digital. Tanto o método da pipeta de peneira como a análise de difração laser são capazes de analisar objectos minúsculos, mas a análise de difração laser resultou numa melhor precisão do que o seu método homólogo de medição de partículas [23].

8.10. Críticas

A validade da análise por difração laser foi posta em causa nos seguintes domínios [24, 25]:

- pressupostos que incluem partículas com configurações e valores de volume aleatórios. Em algumas unidades de dispersão, foi demonstrado que as partículas se alinham entre si em vez de terem um fluxo turbulento, fazendo com que se conduzam numa direção ordenada.
- Os algoritmos utilizados na análise de difração laser não estão completamente validados. Por vezes, são utilizados diferentes algoritmos para fazer com que os dados recolhidos correspondam a hipóteses feitas pelos utilizadores, numa tentativa de evitar dados que pareçam incorrectos.
- imprecisões de medição devido a arestas vivas nos objectos. A análise por difração laser tem a possibilidade de detetar partículas imaginárias

em arestas vivas devido aos grandes ângulos que os lasers fazem sobre elas.

- quando comparada com a recolha de dados de imagens ópticas, outra técnica de dimensionamento de partículas, a correlação entre as duas foi fraca para partículas não esféricas. Isto deve-se ao facto de as teorias de Fraunhofer e Mie subjacentes apenas abrangerem partículas esféricas. As partículas não esféricas causam padrões de dispersão mais difusos e são mais difíceis de interpretar. Alguns fabricantes incluíram algoritmos no seu software, que podem compensar parcialmente as partículas não esféricas.

8.11. Referências

[1].   "Relatório de transporte de grãos, 24 de outubro de 2013". 2013-10-24.

[2].   De Boer, A. H.; et al. (2002). "Caracterização de aerossóis de inalação: um

avaliação crítica da análise do pêndulo em cascata e da difração laser técnica". International Journal of Pharmaceutics. 249 (1-2): 219-231.

[3].   Identificação e quantificação microbianas automatizadas: Tecnologias 2000s,

secção difração laser, herausgegeben von Wayne P. Olson e Laser Difração , informações sobre o produto, Empresa Sympathec GmbH

[4].   Manual de análise físico-química de sedimentos aquáticos. Alena Mudroch,

José M. Azcue, Paul Mudroch. Boca Raton, Flórida: CRC Lewis. 1997.

[5].   McCave, I. N.; Bryant, R. J.; Cook, H. F.; Coughanowr, C. A. (198).

"Avaliação de um analisador de tamanho por difração laser para utilização em sedimentos naturais".

Journal of Sedimentary Research. 56 (4): 561-564.

[6].   "ISO 13320:2020". ISO. Recuperado em 2022-06-02.

[7].   "Mie e Fraunhofer: utilizar o modelo de aproximação correto". Anton Paar.

Recuperado em 2022-06-02.

[8].   "Gas Lasers", Lasers and Optoelectronics, Chichester, Reino Unido:

John Wiley and Sons Ltd, pp. 105-131, 2013-08-09. Recuperado em 2021-02-11

[9].   Sijs, R; Kooij, S; Holterman, HJ; van de Zande, J; Bona, D (2021).

"Técnicas de medição de gotas de pulverização: Comparação da difração laser".

AIP Advances. 11 (1): 015315.

[10].   "Difração laser para dimensionamento de partículas :: Anton Paar Wiki". Anton Paar.

Recuperado em 2022-06-02.

[11]. Merkus, Henk G. (2009).
Medição do tamanho das partículas: fundamentos, prática, qualidade. Berlim:
Springer Netherland. ISBN 978-1-4020-9015-8. OCLC 634805655.
[12]. "Compreender e interpretar os cálculos da distribuição do tamanho das partículas".
www.horiba.com. Recuperado em 2022-06-02.
[13]. "Iso 13320:2020".
[14]. "Medição do tamanho das partículas por difração laser | USP". www.usp.org.
Recuperado em 2022-06-02.
[15]. "McCave, I.N. (1986).
"Avaliação de um analisador de tamanho por difração laser que utiliza sedimentos naturais".
Journal of Sedimentary Research. 56 (4): 561-564.
[16]. Bale, A.J. (fevereiro de 1987). . Estuarine, Coastal and Shelf Science. 24 (2):
253-263. Recuperado em 14 de novembro de 2013
[17]. Drusch, M. (2005).
"Operadores de observação assimilação direta TRMM recuperou a humidade do solo".
Geophysical Research Letters. 32 (15).
[18]. "novembro de 2013". JurPC: 15. 2013. ISSN 1615-5335.
[19]. Westerhof, R; et al. (julho de 1999).
"Agregação estudada por difração de laser em relação região de Cerrado Brasil".
Geoderma. 90 (3-4): 277-290.
[20]. Viallat, A.; Abkarian, M. (2014). Jornal Internacional de Laboratório Hematologia. 36 (3): 237-243.
[21]. Baskurt, O. K.; et al. (2009). "Comparação de três produtos comercialmente disponíveis
ektacytometers com diferentes geometrias de corte". Biorheology. 46 (3):
251-264.
[22]. Da Costa, L.; et al. Blood Cells, Molecules & Diseases. 56 (1): 9-22.
[23]. "Beuselinck, L; G Govers; J Poesen; G Degraer; L Froyen (junho de 1998).
"Análise granulométrica por difractometria laser: comparação com a análise granulométrica
método da pipeta". CATENA. 32(3-4): 193-208.
[24]. Kelly, Richard N.; Etzler, F. (2006). "What Is Wrong With Laser Diffrac-
tion".S2CID .
[25]. Kippax, P. (2005).

"Avaliação da técnica de dimensionamento de partículas por difração laser". Farmacêutica
Tecnologia. S2CID 59366547.

Capítulo (9)
Conclusões

A partir do estudo e da análise, pode concluir-se que:

- Os lasers variam em tamanho, desde os microscópicos lasers de díodo (em cima), com inúmeras aplicações, até aos lasers de vidro de neodímio do tamanho de um campo de futebol (em baixo), utilizados na fusão por confinamento inercial, na investigação de armas nucleares e noutras experiências físicas de elevada densidade energética

- Quando os lasers foram inventados em 1960, foram designados como "uma solução à procura de um problema". Desde então, tornaram-se omnipresentes, encontrando utilidade em milhares de aplicações altamente variadas em todos os sectores da sociedade moderna, incluindo a eletrónica de consumo, a tecnologia da informação, a ciência, a medicina, a indústria, a aplicação da lei, o entretenimento e as forças armadas. A comunicação por fibra ótica utilizando lasers é uma tecnologia-chave nas comunicações modernas, permitindo serviços como a Internet.

- A primeira utilização de lasers amplamente visível foi o leitor de códigos de barras de supermercado, introduzido em 1974. O leitor de discos laser, introduzido em 1978, foi o primeiro produto de consumo bem sucedido a incluir um laser, mas o leitor de discos compactos foi o primeiro dispositivo equipado com laser a tornar-se comum, a partir de 1982, seguido em breve pelas impressoras laser.

- Algumas outras utilizações são:

    - Comunicações: para além da comunicação por fibra ótica, os lasers são utilizados para a comunicação ótica no espaço livre, incluindo a comunicação por laser no espaço.
    - Medicina
    - Indústria: corte, incluindo conversão de materiais finos, soldadura, material
    - tratamento térmico, marcação de peças (gravação e colagem), processos de fabrico aditivo ou de impressão 3D, como a sinterização selectiva por laser e a fusão selectiva por laser, deposição de metal por laser, medição sem contacto de peças e digitalização 3D, e limpeza por laser.

- Militar: marcação de alvos, orientação de munições, defesa
  antimíssil, contramedidas electro-ópticas (EOCM), lidar,
  cegueira de tropas, mira de armas de fogo.
- Aplicação da lei: Controlo do tráfego por LIDAR. Os lasers
  são utilizados para a deteção de impressões digitais latentes no
  domínio da identificação forense.
- Investigação: espetroscopia, ablação por laser, recozimento
  por laser, dispersão por laser, interferometria por laser, lidar,
  microdissecção por captura de laser, microscopia de
  fluorescência, metrologia, arrefecimento por laser
- Produtos comerciais: impressoras laser, leitores de códigos de
  barras, termómetros, ponteiros laser, hologramas,
  bubblegrams
- Entretenimento: discos ópticos, ecrãs de iluminação laser,
  gira-discos laser.
- Marcações informativas: A tecnologia de ecrã de iluminação
  laser pode ser utilizada para projetar marcações informativas
  em superfícies como campos de jogos, estradas, pistas ou
  pisos de armazéns.

I want morebooks!

Buy your books fast and straightforward online - at one of world's fastest growing online book stores! Environmentally sound due to Print-on-Demand technologies.

Buy your books online at
www.morebooks.shop

Compre os seus livros mais rápido e diretamente na internet, em uma das livrarias on-line com o maior crescimento no mundo! Produção que protege o meio ambiente através das tecnologias de impressão sob demanda.

Compre os seus livros on-line em
www.morebooks.shop

info@omniscriptum.com
www.omniscriptum.com

Printed by Books on Demand GmbH, Norderstedt / Germany